汽轮机监视仪表（TSI）系统实用教程

QILUNJI JIANSHIYIBIAO
TSI XITONG SHIYONG JIAOCHENG

田爽 韦宣 主编

TSI

中国电力出版社
CHINA ELECTRIC POWER PRESS

内 容 提 要

在实际运行过程中，TSI 系统可能出现转速测量偏差、振动信号异常、胀差数据漂移等典型问题。这些问题通常与传感器安装状态、信号传输线路或系统参数设置有关。通过规范的排查流程，如检查传感器间隙、测试屏蔽线完整性、验证接地状况等，可以有效定位并解决大部分故障。

本教材系统梳理了 TSI 系统的技术特点、使用维护要点及常见问题处理方法，内容涵盖系统选型、日常维护到故障诊断等各个环节。无论是新入职的技术人员还是经验丰富的工程师，都能从中获得实用的技术参考。通过掌握这些专业知识并应用于实际工作，可有效提升 TSI 系统的运行可靠性，为汽轮机组的安全稳定运行提供坚实保障。

图书在版编目（CIP）数据

汽轮机监视仪表（TSI）系统实用教程 / 田爽，韦宣
主编 . -- 北京：中国电力出版社，2025.5. -- ISBN
978-7-5239-0021-5

Ⅰ. TH89

中国国家版本馆 CIP 数据核字第 20256HX625 号

出版发行：中国电力出版社
地　　址：北京市东城区北京站西街 19 号（邮政编码 100005）
网　　址：http://www.cepp.sgcc.com.cn
责任编辑：畅　舒（010-63412312）
责任校对：黄　蓓　马　宁
装帧设计：王英磊
责任印制：吴　迪

印　　刷：三河市万龙印装有限公司
版　　次：2025 年 5 月第一版
印　　次：2025 年 5 月北京第一次印刷
开　　本：710 毫米 ×1000 毫米　16 开本
印　　张：11.5
字　　数：131 千字
印　　数：0001-1000 册
定　　价：60.00 元

《汽轮机监视仪表（TSI）系统实用教程》

编写单位

主编单位　西安热工研究院有限公司

参编单位　江苏方天电力技术有限公司

　　　　　　西安交通大学

　　　　　　华能置业有限公司

　　　　　　西安理工大学

　　　　　　华能莱芜发电有限公司

编 委 会

主　　编　田　爽　韦　宣

副 主 编　鹿守杭　李默晗　叶加星

参　　编　朱晓燕　李晓博　王嘉寅　李　宁　郝德锋

　　　　　　张宇峰　杨柏依　赵　亮　庞　顺　瞿丽莉

　　　　　　舒　进　张宇博　鲁　浩　牛利涛　马翼超

　　　　　　叶　宁　章　硕　常威武　吕一楠　武彦飞

　　　　　　崔光明　孙衍星　肖　鹏　党显洋　王浩森

　　　　　　陆文华　由志勋

前　言

汽轮机监视仪表（TSI）系统作为汽轮机安全运行的核心保障，承担着实时监测汽轮机运行状态的重要职责。该系统通过持续监测转速、振动、位移、膨胀等关键参数，在异常工况下及时发出报警信号并触发保护动作，有效预防设备损坏事故的发生。对于电厂运行维护人员而言，深入理解 TSI 系统的工作原理并掌握其维护要点，是确保机组安全稳定运行的基础。本教材旨在为汽轮机监视仪表（TSI）系统的使用和维护人员提供全面、实用的指导。

目前市场上的 TSI 系统主要分为进口品牌和国产系统两大类别。德国 MMS6000（现已升级为艾默生 CIS6500）和 Bently 3500 系统凭借其卓越的稳定性，在大型机组应用中占据主导地位。瑞士 VM600 系统采用先进的模块化设计，具备良好的扩展性能。此外，美国派力斯、德国申克等品牌也在特定应用领域发挥着重要作用。值得关注的是，由西安热工研究院与华能山东公司联合研发的国产 TMS-T316 系统，经过持续的技术创新，已实现关键技术的完全自主可控，在测量精度、抗干扰能力等核心指标上已达到国际先进水平。

TMS-T316 系统采用模块化架构设计，其核心功能模块包括机械保护卡、转速键相卡和继电器模块。机械保护卡负责参数超限时的保护动作执行，转速键相卡提供精确的转速和相位测量基准，继电器模块则确保保护动作的快速响应。系统配套的组态软件界面友好，支持参数设置、实时监控和趋势分析等功能，显著降低了系统的使用门槛。实际运行数据表明，该系统具有操作简便、维护便捷的特点，特别适合国内电厂的运行环境。

传感器作为 TSI 系统的关键组成部分，其选型与安装直接影响测量数据的准确性。电涡流传感器适用于轴位移、胀差等非接触式测量，具有较高的灵敏度；磁阻式和霍尔效应传感器在转速测量方面表现优异，具备良好的抗干扰性能；LVDT 传感器适用于大范围位移测量，线性度表现突出；压电式传感器则主要用于轴承振动监测，具有快速的动态响应特性。在安装过程中，需特别注意传感器的安装间隙、固定方式等关键参数，确保测量数据的可靠性。

TSI 系统是热工保护系统中至关重要的一环，它的重要性是显而易见的。然而，在最近的监督检查和现场测试中，我们发现，虽然大多数现场人员都能够熟练地完成传感器安装、测量模块组态等日常工作，但在面对偶发的测量异常时，能够进行深入分析和处理的人却并不多。每个人的处理方法也各不相同。

要想更好地理解和运用 TSI 系统，需要做到以下几点：

（1）深入理解 TSI 系统：大家需要全面而深刻地了解 TSI 系统的每一个组成部分，确保对机组运行过程中的 TSI 参数和一次元件输出之间的关系有准确的判断。

（2）确保数据链的完整性：要确保测量回路中的每个信号节点都能形成一条完整的测量数据链，以此来验证 TSI 系统提供的测量数据的准确性。

（3）分析异常原因：当 TSI 测点输出参数出现异常时，可能需要机务或运行专业人员的深入分析。大家需要了解如何排查每个"异常"的 TSI 测量回路，按照既定的流程快速准确地定位故障点。

（4）掌握排查流程：每位机控维保人员都应该掌握如何排查 TSI

测量回路的故障，无论是测量回路的问题还是轴系的真实状况，都应该能够得出准确的结论。

目前，由于缺乏综合性图书，即使有些同事掌握了部分知识，但在面对实际问题时（比如测点显示值超标或运行人员对显示参数的真实性有疑问时），很难形成完整的数据证据链和明确的结论。

因此，我们编写了这本书，它结合了大家熟悉的现场环境，用通俗易懂的语言和图文并茂的方式，详细讲述了 TSI 系统中各类测量参数的定义、各种传感器的类型与测量原理及安装定位方法、各个测量回路的构成、传感器输出与终端显示值的关系，以及常见故障的分析和排除方法。

编写本书的目的是帮助大家全面熟悉和掌握 TSI 系统的关键知识点，规范 TSI 回路异常的排查流程，并结合典型案例分析每个回路中信号节点异常的可能原因。本书虽经认真编写、校订和审核，仍难免存在疏漏和不足之处，恳请广大读者批评指正！

编者

2025 年 3 月

目录
CONTENTS

前言

第 1 篇

TSI 系统功用及构成

第 1 章   TSI 系统的沿袭   ▸ 3

1.1   TSI 系统的主要功能和用途 _ 3

1.2   国内主流 TSI 系统品牌和市场占比概况 _ 3

1.3   主流 TSI 系统品牌间的特点（性）和差异 _ 4

1.4   TSI 系统国产品牌的研发、性能及应用现状 _ 5

第 2 章   国内各主要行业的应用现状   ▸ 7

2.1   电力行业 _ 7

2.2   石化行业 _ 8

2.3   冶金行业 _ 9

第 3 章   常见传感器的测量原理与参数   ▸ 10

3.1   电涡流传感器 _ 10

3.2　磁阻式传感器　_ 20

3.3　霍尔效应传感器　_ 22

3.4　压电式加速度传感器　_ 24

3.5　线性可变差动变压器（LVDT）传感器　_ 27

3.6　测量/转换一体化传感器（变送器）　_ 32

3.7　压电式动态压力传感器　_ 35

3.8　动态温度传感器　_ 36

第 4 章　TSI 仪表各测量参数的定义和监测原理　▶ 38

4.1　振动的峰-峰值、单峰值、有效值　_ 38

4.2　振动位移、振动速度、振动加速度　_ 39

4.3　轴振（相对振动）、轴的绝对振动　_ 40

4.4　轴承座振动（壳振）　_ 40

4.5　转速、相位　_ 41

4.6　轴位移、胀差　_ 41

4.7　缸（壳）体绝对膨胀　_ 43

4.8　偏心（挠度）　_ 43

第 5 章　常见系统配置　▶ 44

5.1　常见测点布置方式　_ 44

5.2　转速、零转速、键相、正反转检测　_ 49

5.3　转子轴向位移（置）检测　_ 51

5.4　转子相对振动检测　_ 52

5.5 转子相对膨胀检测 _ 52

5.6 转子绝对振动检测 _ 54

5.7 缸（壳）体绝对膨胀检测 _ 54

5.8 轴承（盖）绝对振动检测 _ 55

5.9 转子偏心检测 _ 56

5.10 动态温度监测 _ 57

5.11 动态压力监测 _ 58

第6章 常用仪表单元（测量模块） ▶ 60

6.1 测量模块概述 _ 60

6.2 Bently3500 TSI 系统常用测量模块 _ 61

6.3 MMS6000 系统 _ 62

6.4 Bently3500 与 MMS6000 测量模块功能 _ 63

第7章 传感器安装定位与软件合理配置 ▶ 65

7.1 转速、零转速、键相、正反转 _ 65

7.2 转子轴向位移（置）传感器安装方法 _ 67

7.3 转子相对振动 _ 68

7.4 转子相对膨胀量（胀差）传感器安装方法 _ 72

7.5 转子绝对振动传感器安装方法 _ 76

7.6 缸（壳）体绝对膨胀传感器安装及软件合理配置 _ 76

7.7 轴承（盖）绝对振动 _ 76

7.8 转子偏心传感器安装及软件合理配置 _ 77

7.9　动态温度传感器安装方法　＿79

7.10　动态压力传感器安装方法　＿80

第8章　各测量回路的正确性评价　▶ 83

8.1　转速、零转速、键相、正反转　＿83

8.2　转子轴向位移（置）　＿86

8.3　转子相对振动　＿87

8.4　转子相对膨胀　＿88

8.5　缸（壳）体绝对膨胀　＿90

8.6　轴承（盖）绝对振动　＿92

8.7　转子偏心　＿93

8.8　动态温度　＿94

8.9　动态压力　＿95

第9章　汽轮机运行期间机械运行参数的准确性分析　▶ 96

9.1　转速、零转速、键相、正反转　＿96

9.2　转子轴向位移　＿98

9.3　转子相对振动　＿100

9.4　转子相对膨胀　＿100

9.5　缸（壳）体绝对膨胀　＿101

9.6　轴承（盖）绝对振动　＿102

9.7　转子偏心　＿103

9.8　动态温度　＿104

9.9 动态压力 _ 104

第 10 章　各测量回路常见异常现象及解决方法　▸ 106

10.1 转速、零转速、键相、正反转 _ 106

10.2 转子轴向位移与胀差 _ 107

10.3 转子相对振动 _ 110

10.4 缸（壳）体绝对膨胀 _ 111

10.5 轴承（盖）绝对振动 _ 112

10.6 转子偏心常见异常现象及处理方法 _ 114

第 **2** 篇

全国产 TSI 系统 TMS-T316

第 11 章　综述　▸ 119

11.1 各个品牌系统的相同之处 _ 119

11.2 各个品牌系统的差异之处 _ 120

11.3 全国产 TSI 系统——TMS-T316 _ 120

第 12 章　TMS-T316 各项技术指标　▸ 122

12.1 机械保护卡性能指标 _ 122

12.2 转速键相卡性能指标 _ 123

12.3 双冗余供电模块性能指标 _ 123

12.4　继电器模块性能指标　＿124

12.5　组态软件性能　＿124

第13章　TMS-T316 系统详细结构　▸ 126

13.1　系统架构　＿126

13.2　RMS1000/10 机械保护卡　＿127

13.3　RMS1000/30 转速卡　＿139

13.4　RMS1000/50 继电器模块　＿145

第14章　TMS-T316 组态软件　▸ 148

14.1　安装与运行　＿148

14.2　菜单与工具栏　＿149

14.3　系统组态　＿153

14.4　在线视图　＿159

14.5　TIM-T316 各功能模块组态界面　＿165

TSI

第 **1** 篇

TSI系统功用及构成

第 1 章　　TSI 系统的沿袭

1.1　TSI 系统的主要功能和用途

TSI 系统，即 Turbine Supervisory Instrument，该系统的主要功能和用途是实时监测汽轮机的机械运行状态，涵盖转速/零转速/键相、偏心、轴向位移、转子相对振动（轴振）、转子绝对振动（复合振）、绝对轴承振动（瓦振）、转子相对膨胀（胀差）、缸体绝对膨胀等多个方面。此外，TSI 系统还能监测相应轴承位置的温度等运行参数。当系统检测到可能危及设备安全的参数时，会发出报警或保护动作信号，以终止设备运行，从而防止汽轮机设备遭受损坏。

1.2　国内主流 TSI 系统品牌和市场占比概况

通过对国内主要发电集团进行广泛调研，发现国内大型火电机组配置的 TSI 系统主要包括德国 MMS6000 系统（现为艾默生 CIS6500）和 Bently 3500 系统。此外，瑞士 VM600、美国派力斯、德国申克以及日本新川等品牌的 TSI 系统也在部分机组中得到应用，但其在整体配置中的比例相对较低。

国内品牌方面，近年来在长三角和珠三角地区涌现出多家生产 TSI

传感器和仪表的企业，然而受限于资金、技术、生产工艺及市场等因素，这些国内产品多以仿制为主，其应用范围主要局限于 150MW 以下机组及热力公司供热类机组，或在新建或改造的大型机组辅机设备上，而大型火电机组主机上鲜有采用。值得欣慰的是，华能集团公司开发了全国产数字化汽轮机监视系统（TMS-T316 系统），该系统由西安热工研究院与华能山东公司联合研发，各项设计指标均优于进口品牌 TSI 系统，目前已经成功应用于华能莱芜电厂 33 万 kW 汽轮发电机组。

表 1-1 是华能集团各区域发电企业 TSI 系统配置情况。

表 1-1　　　　　发电企业 TSI 系统配置情况

公司名称	CSI6500	Bently 3500	VM600	申克 VC-8000	日本新川
山东公司	38	21	2	2	1
华北分公司	0	5	1	0	0
南方公司	21	24	0	0	0
华东分公司	18	12	13	0	0
华中分公司	4	5	0	0	0
山西公司	41	26	2	0	0
蒙东公司	23	9	5	0	0
合计	145	102	23	2	2
占比	52.92%	37.23%	8.4%	0.7%	0.7%

1.3　主流 TSI 系统品牌间的特点（性）和差异

表 1-2 是主流系统品牌间的特点（性）和差异。

表 1-2 主流系统品牌间的特点（性）和差异

品牌	主要特点	差异化优势
CIS6500	集成了保护、监测、实时性能监测和过程自动化功能，双通道设计。振动模块内置有 FFT 功能，可在线观测时域波形与频域成分；位移测量模块具有传感器线性化补偿功能，测量精度高，可靠性高	提供实时显示、记录、暂停和回放功能的瞬态分析，以及用于早期检测轴承和齿轮损坏的 PeakVue 处理功能。CIS6500 系统设计确保当一张卡出现故障时，不会有超过两个通道受到影响，并且卡可以在运行过程中更换。支持冗余 ModBus 连接、TCP 或串行连接，用于将保护监控器集成到第三方控制系统中
Bently3500	专注于汽轮机振动监测和保护，提供连续、在线监测功能，具有先进的振动分析算法，完全符合 API670 标准	高度模块化，包括振动监测器模块、电源、框架接口模块等
VM600	提供全面的过程控制解决方案，包括控制器、阀门定位器等	集成度高，易于配置和维护，适用于各种过程控制应用
派力斯	专注于安全仪表系统，提供多种安全功能，如高/低压保护、温度保护等	安全功能丰富，适用于危险性高的过程
申克	提供各种类型的传感器，包括压力传感器、温度传感器等，可用于过程测量	传感器种类丰富，精度高，适用于各种测量需求

1.4 TSI 系统国产品牌的研发、性能及应用现状

TSI 系统国产化在近些年取得了显著的进展，涌现出一批优秀的国产品牌，这些品牌在研发、性能和应用方面各具特色，为我国旋转设备的健康运行提供了有力保障。以下是部分具有代表性的国产 TSI 品牌与性能特点：

（1）TMS-T316全国产数字化汽轮机监视仪表系统：该系统由西安热工院有限公司研发，为全国首台（套）全国产数字化汽轮机监视仪表系统，该系统实现了关键核心技术的完全自主可控。

（2）8500B系列汽轮机监视保护装置：由徐州六和测控技术有限公司研发，适用于汽轮机的安全运行监测。

（3）HZD-8500D汽轮机监控保护装置：由无锡厚德自动化仪表有限公司研发，可为各种型号的汽轮机的运行提供连续的在线参数测量和安全保护，特别适合于电力、冶金、石化等行业的现场使用。

下面重点介绍TMS-T316全国产数字化汽轮机监视仪表系统的研发、性能与应用现状。

TMS-T316是西安热工研究院联合华能山东分公司，依托莱芜电厂示范工程基地研发的全国产数字化汽轮机监视仪表系统，该系统的研发旨在解决进口TSI系统的依赖问题，实现关键核心技术的自主可控。研发过程中，西安热工研究院攻克了国产嵌入式芯片选型、现场总线通信协议栈等多项关键技术挑战。研发团队开发了包括主控、通信卡、数采卡在内的10余项功能卡件、传感器及校验仪等系列产品，实现了软硬件的完全国产化。TMS-T316系统的核心技术指标达到或优于国内在役TSI系统，它能够连续地监测汽轮机的重要参数，如转速、振动、位移等，并提供停机保护功能。该系统已在华能莱芜电厂33万kW机组上成功应用，并开始向电力、石化行业推广。

第 **2** 章

国内各主要行业的应用现状

2.1 电力行业

TSI 系统在电力行业中扮演着重要角色，它不仅用于日常设备的监控和维护，还是提高设备可靠性和预防故障的关键技术。随着技术的发展，现代 TSI 系统趋向于集成更多的功能，如 TSI 与 TDM 一体化等，以实现更全面的设备管理。

TSI 系统［涡（汽）轮机安全监视系统］在电力行业中主要用于监测汽轮机的关键运行参数，以确保设备的安全和可靠运行。监测的参数包括汽轮机的转速、偏心、轴振、盖（瓦）振、轴位移、胀差、热膨胀等参数。

这些监测参数对于早期故障检测和预防至关重要，可以帮助运行人员及时采取措施，避免潜在的设备损坏和生产中断。TSI 系统通过实时收集机械运行数据，并结合先进的算法进行分析，从而提供实时的健康监测和预警功能。

在电力行业的 TSI 系统中，西安热工院联合华能山东分公司开发 TMS-T316 系统是其中的佼佼者。

TMS-T316 系统是一套全国产数字化汽轮机监视仪表系统，其优势主要体现在以下几个方面：

（1）国产化关键核心技术：TMS-T316 系统实现了关键核心技术的完全自主可控，攻克了国产嵌入式芯片选型、现场总线通信协议栈等技术难题，确保了系统的独立性和安全性。

（2）自主研发的硬件和软件：系统包含主控、通信卡、数采卡等 10 余项功能卡件、传感器及校验仪等系列产品，这些产品均为自主研发，实现了软硬件的自主可控。

（3）安全可信设计：TMS-T316 系统采用了安全可信的设计理念，通过内置安全机制，能够有效阻断网络攻击等安全威胁，为电厂的平稳运行提供了安全保障。

以上这些特点使得 TMS-T316 系统不仅能够提高电力设备的运行效率和安全性，而且对于保障国家能源安全和促进国产替代具有重要意义。

2.2　石化行业

在石化行业中，TSI 系统被广泛应用于监测汽轮机。这些设备在石化生产过程中扮演着重要角色，其稳定运行对于保障生产效率和安全至关重要。通过 TSI 系统的应用，可以实现对设备运行状态的实时监控，及时发现潜在的故障，从而采取预防性维护措施，减少意外停机，降低维护成本，并提高设备的可靠性和使用寿命。

目前石化行业应用最多的就是 Bently3500 系统，国产品牌主要有北京博华科技的 BH9000 系统、南京科远的 SY3000 在线监测保护系统等，主要用来监测石化生产装置中的核心旋转设备。

2.3　冶金行业

汽轮机监测系统（TSI 系统）在冶金行业中的应用主要集中在对关键设备的状态监测和故障诊断，以确保设备的安全稳定运行，这些关键设备包括高炉鼓风机、TRT、工业汽轮机、电机、轧机、水泵等，监测参数包括振动、温度、压力、轴向位移、胀差、转速、偏心键相、汽缸膨胀等多类型参数，并通过数据分析提供设备健康状况的实时评估。

目前冶金行业应用较多的就是 Bently3500 系统、南京科远的 SY3000 在线监测保护系统等。

第 3 章　常见传感器的测量原理与参数

无论是热工参数还是机械参数的采集，其本质都是对各种信号的采集与处理。因此，深入理解 TSI 系统中常用的传感器种类及其相应的工作原理，能够帮助工程师和技术人员更好地理解和分析这些物理量的变化，对于判别数据的准确性非常重要。目前，常见的传感器类型包括电涡流传感器、磁阻式传感器、霍尔效应传感器、光电式传感器、磁电式速度传感器、压电式加速度传感器、线性可变差动变压器（LVDT）传感器、测量/转换一体化传感器（变送器）、压电式动态压力传感器、温度测量元件等。下面分别做详细介绍。

3.1　电涡流传感器

电涡流传感器具有非接触测量、高线性度、高分辨力、长期工作可靠性好、灵敏度高、响应速度快、抗干扰能力强等优点，在 TSI 系统中应用非常广泛。

电涡流传感器的测量原理基于法拉第电磁感应定律，即当一个导体置于变化的磁场中或在磁场中做切割磁力线运动时，导体内会产生闭合的感应电流，这种电流像水中的旋涡一样在导体内旋转，因此被称为电涡流。电涡流传感器利用这种电涡流效应来测量金属导体与探头端面之间的距离。

在电涡流传感器中，探头内部的线圈通过振荡电路产生高频电流，从而产生交变磁场。当金属导体接近这个磁场时，导体内会产生电涡流，电涡流产生的磁场与探头线圈的磁场方向相反，这会改变探头线圈的阻抗。通过测量线圈阻抗的变化，可以计算出探头与金属导体表面之间的距离。这种变化与金属体的磁导率、电导率、线圈的几何形状及尺寸、电流频率以及探头到金属导体表面的距离有关，如图3-1所示。

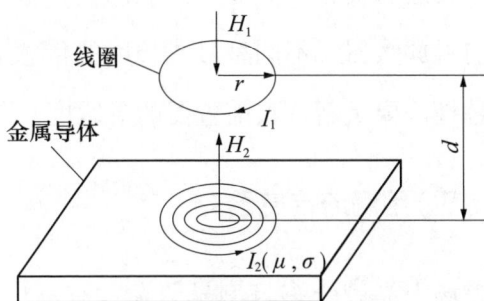

图 3-1　涡流传感器测量原理图

电涡流传感器的测量线圈阻抗可以用下面的函数关系来表示

$$Z = F(\mu, \sigma, r, \delta, I, \omega)$$

式中：μ、σ、r、δ、I、ω 分别代表被测金属导体的磁导率、电导率、尺寸因子、线圈与金属导体间的距离、线圈激励电流强度和频率。该式表明涡流传感器的特性与多个因素直接相关，包括被测金属导体的磁导率、电导率、尺寸因子、线圈与金属导体间的距离、激励电流强度和频率。如果 μ、σ、r、I、ω 保持恒定不变，那么阻抗 Z 就简化成距离 δ 的单值函数；同样，如果 r、δ、I、ω 保持恒定不变，那么阻抗 Z 就与被测金属导体的磁导率和电导率呈单值函数关系。当 μ，σ，δ，I，ω 保持恒定不变时，阻抗 Z 还可以简化成与尺寸 r 单值函数关系。

使用中，我们发现涡流传感器的直径越大，测量范围越大。而面对不同被测量面靶材料时，传感器的灵敏度也会有所不同，选用硬磁材料，如42CrMo4、45号钢等，灵敏度较低；选用软磁材料，如铜、铝等，灵敏度较高。由于42CrMo4最接近大部分汽轮机转子材质，因此，被默认为标准的校准材料。此外，被测表面的表面粗糙度、平整度等加工精度也会对传感器的灵敏度造成影响，进而影响测量结果的准确性。涡流传感器主要用于测量转子相对振动、绝对振动、偏心、轴向位移、胀差、转速和键相等。需要注意的是，每个涡流传感器都配有与之匹配的前置放大器，不同型号或长度的传感器与前置器是不能互换的，如果替换需要重新调整前置器的灵敏度。

3.1.1　常（见）用涡流传感器

涡流传感器市场上品牌众多且型号繁杂，有进口的也有国产的。不同品牌和型号的传感器及前置器的测量原理基本相同，材料与工艺上也相似，只是在外形尺寸和电缆连接方式上存在差异。在国内火电机组中，艾默生和本特利的TSI系统占比较大。下面重点介绍这两个品牌中的涡流传感器。

1. 艾默生生产的涡流传感器

艾默生公司生产的PR6422/××至PR6426/××系列涡流传感器有五种型号，分别为PR6422/××、PR6423/××、PR6424/××、PR6425/××和PR6426/××。这些传感器可与四种不同型号的前置器匹配，包括CON011、CON021、CON031和CON041，具体选择哪一种取决于安装位置和防护等级的要求。图3-2中展示的是这5种传感器及

CON011 和 CON021、031 前置器。

图 3-2　艾默生涡流传感器和前置器系列展示图

其标准尺寸、灵敏度和量程等参数见表 3-1。

表 3-1　　艾默生 PR6422/×× 至 PR6426/×× 系列涡流传感器参数

传感器型号	标准灵敏度	测量范围	线性误差	传感器长度	螺纹规格
PR 6422/××	−16V/mm	±0.5mm	1.5%	25.3mm	M6mm×0.5mm
PR 6423/××	−8V/mm	±1.0mm	1.0%	34.0mm	M10mm×1.0mm
PR 6424/××	−4V/mm	±2.0mm	1.5%	53.0mm	M18mm×1.5mm
PR 6425/××	−4V/mm	±2.0mm	6.0%	61.0mm	M18mm×1.5mm
PR 6426/××	−2V/mm	±4.0mm	1.5%	ϕ32mm	80mm×40mm

说明：

（1）PR6425 为耐高温型号，其适用温度范围可达−35～+380℃，而其他型号的传感器温度范围为−35～+180℃。

（2）表3-1 中列出的是标准产品的参数，对于特殊要求，如扩展量程，传感器长度、螺纹规格、电缆长度、电缆中间有无接头等细节，可在订货时逐项说明；有关螺纹规格，表中选择的是常用的公制单位，也可以选择英制单位。

（3）前置器的选择则取决于安装位置和防护等级，其中 CON011 型前置器具有 IP67 防护等级，适合安装在汽机本体上，而其他型号的前置器防护等级为 IP20，适合安装在就地端子箱中。

（4）前置器的正常温度范围：-35~+70℃。

（5）对于特殊需求，如扩展量程，传感器和前置器的标识将相应调整。例如，PR6426 传感器扩展量程至 20mm 时，配置 CON021 前置器，其标识为 CON021/916-200；与之类似，PR6423 传感器扩大量程为 3mm 时，前置器标注 CON021/913-003，PR6424，标注 CON021/914-×××。

（6）传感器扩展量程后，其灵敏度也会随之改变。比如，PR6426 传感器的标准量程为 8mm，灵敏度为 2V/mm，当扩展到 20mm 量程后，其灵敏度变为 0.8V/mm。PR6423 传感器标准量程为 2mm，灵敏度为 8V/mm，扩展到 3mm 量程后，其灵敏度变为 5.333V/mm。

2. 本特利生产的涡流传感器

本特利公司生产的涡流传感器型号繁多，分为 3300 和 7200 两个系列，其中 3300 系列目前使用较为广泛，同一型号的 3300 系列传感器可以根据需要选择不同的规格，包括螺杆直径、螺纹规格以及电缆长度等。图 3-3 为本特利 3300XL-8mm 传感器和前置器。

表 3-2 列出的是本特利 3300 系列 TSI 系统常用（见）的传感器型号和基本参数。

图 3-3　本特利 3300XL-8mm 传感器和前置器

表 3-2　　本特利 3300 系列 TSI 系统常用传感器型号及其基本参数

传感器型号	标准灵敏度	测量范围	中点电压	传感器长度	螺纹规格
3300XL-5mm	7.87V/mm	±0.75mm	-10V	用户选择	M10mm× 1.0mm
3300XL-8mm	7.87V/mm	±1.0mm	-10V	用户选择	M10mm×1.0mm
3300XL-11mm	3.94V/mm	±2.0mm	-9V	26~250mm 可选	M14mm/16mm× 1.5mm
3300XL-25mm	0.787V/mm	±6.35mm	-6.5V	26~250mm 可选	M30mm×2.0mm M39mm×1.5mm
3300XL-50mm	0.394/mm	±13.9mm	-7.0V	ϕ62.2mm×49.5mm	M14mm×1.5mm

在本特利 3300TSI 系列中，3300XL-8mm 和 3300XL-11mm 涡流传感器是最为常见的应用型号。3300XL-8mm 传感器主要用于测量转速、键相、零转速、相对轴振和偏心；而 3300XL-11mm 传感器则主要用于测量轴位移和胀差（锥面测量）。

3. 其他涡流传感器

正如前面所述，涡流传感器有很多生产厂商，每个厂商都有自己的产品编号（命名），针对转子特定测量目标形成自己的产品系列。如轴振、转速、偏心、键相、轴位移、胀差等，各种规格的传感器特性也大致相同，不同的只是产品外观、线性范围等。VM600 TSI 系统采用的是 MEGGITT 涡流传感器（见图 3-4 和图 3-5）及其配套的前置器（见图 3-6），其最常用的传感器的性能和艾默生产品非常接近。

图 3-4　MEGGITTTQ401 传感器　　　图 3-5　MEGGITT TQ403 传感器

图 3-6　MEGGITT IQS450 前置器

3.1.2　磁电式速度传感器（也称地震式传感器或动圈式传感器）

磁电式速度传感器由永久磁场、测量线圈和阻尼结构构成。当被测物体振动时，测量线圈随之在永久磁场中移动，从而在线圈两端产生感应电压，该电压与物体的振动速度成线性正比关系。其工作原理如图 3-7 所示。

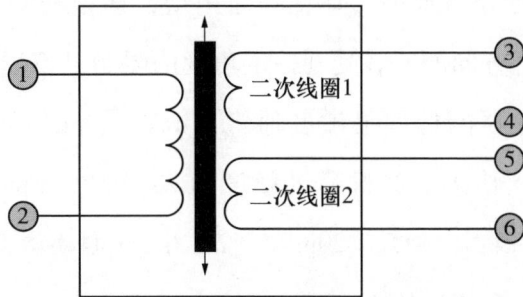

图 3-7 磁电（地震）式速度传感器原理图

磁电式速度传感器内部结构分为动磁式和动圈式两种。在动磁式结构中，永久磁铁环在测量线圈内运动，从而在线圈两端产生交流电压信号。而在动圈式结构中，则是测量线圈在永久磁场内运动，同样在线圈两端产生交流电压信号。这两种结构中的输出电压信号大小均与振动速度成比例关系，即传感器的灵敏度。图 3-8 展示的是磁电式速度传感器的内部结构示意图。

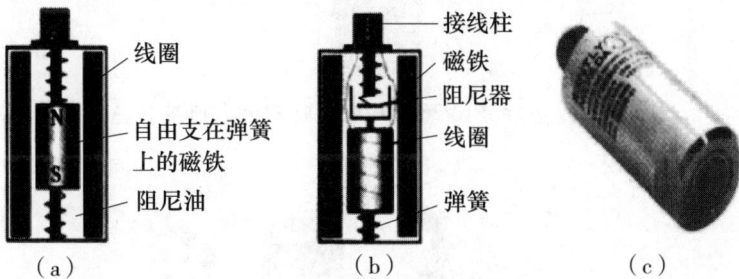

图 3-8 磁电（地震）式速度传感器内部结构图
(a) 动磁式；(b) 动圈式；(c) 典型外形

磁电式速度传感器主要用于测量主机和辅机的轴承绝对振动，也可与涡流传感器配合，用于转子绝对振动的测量。根据测量方向，传感器分为水平方向、垂直方向和通用型三种型号。使用时需注意，传感器的测量方向分为水平、垂直和通用型，选型和安装时应避免混淆。水平和垂直方向的安装受到一定角度的限制，不当的安装会影响测量精度。传感器的标称灵敏度通常以 mV/（mm/s）表示，例如，艾默生 9268/×× 传感器的标称灵敏度为 28.5mV/（mm/s），本特利 9200 传感器的标称灵敏度为 20mV/（mm/s）。振动位移量（μm）的输出值转换过程在相应的 TSI 测量模块内完成。

艾默生公司和本特利公司生产的常用磁电式速度传感器介绍：

（1）艾默生 PR9268/××× 磁电式速度传感器，见图 3-9 ~ 图 3-11。

图 3-9　艾默生 PR9268/01×-×00 磁电式速度传感器

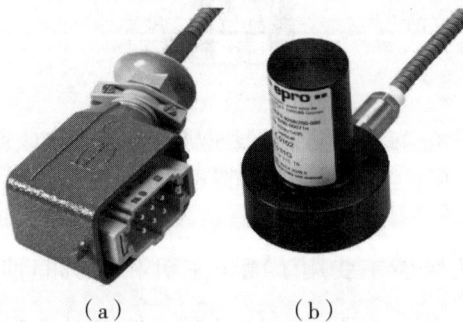

（a）　　　　　　（b）

图 3-10　艾默生 PR9268/20×-×00 和 PR9268/30×-×00 磁电式速度传感器
（a）PR9268/20×-×00；（b）PR9268/30×-×00

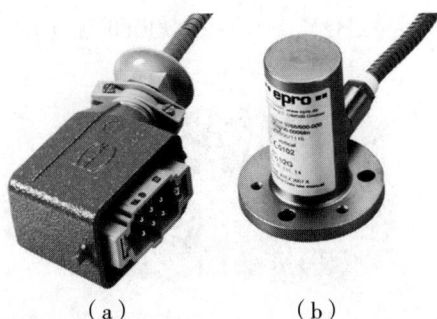

（a）　　　　　　（b）

图 3-11　艾默生 PR9268/60×-×00 和 PR9268/70×-×00 磁电式速度传感器
（a）PR9268/60×-×00；（b）PR9268/70×-×00

艾默生常用磁电式速度传感器基本参数见表 3-3。

表 3-3　　　　　　　　　艾默生常用磁电式速度传感器基本参数

传感器型号	测量方向	灵敏度	工作温度	线圈阻抗	工作频率
PR9268/01×-	全方位	17.5mV/（mm/s）	≤100℃	1732Ω（±2%）	14Hz~1kHz
PR9268/20×-	垂直方向	28.5mV/（mm/s）	≤100℃	1785Ω（±10%）	4Hz~1kHz
PR9268/30×-	水平方向				
PR9268/60×-	垂直方向	16.7mV/（mm/s）或 22.0mV/（mm/s）	最高 200℃	3270Ω（±10%）	10Hz~1kHz
PR9268/70×-	水平方向				

（2）本特利 9200/××磁电式速度传感器。本特利公司生产的磁电式速度传感器型号较多，有 9200（74712）磁电式速度传感器，16699 标准磁电式速度传感器，39158（47633）通用磁电式速度传感器等。常用的 9200 磁电式速度传感器外观，如图 3-12 所示，从传感器的标示牌上，可以获取以下关键信息：传感器的灵敏度为 500mV/（英寸/s），换算成公制单位为 19.7mV/（mm/s）；测量范围为 10Hz~1kHz；测量方向为垂直。9200 磁电式速度传感器按照拾振带宽分为 3 个版本：270 ~ 60000 CPM（即 4.5Hz ~ 1kHz），600 ~

60000CPM（即 10Hz～1kHz），900～60000CPM（即 15Hz～1kHz）。

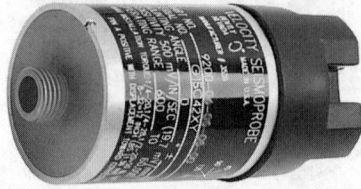

图 3-12　本特利 9200 磁电式速度传感器

本特利常用磁电式速度传感器基本参数见表 3-4。

表 3-4　　　　　　　本特利常用磁电式速度传感器基本参数

传感器型号	测量方向	灵敏度	工作温度	线圈阻抗	工作频率
9200-01-	垂直±2.5°	20mV/（mm/s），在 100Hz 下，灵敏度偏差±5%	−29～121℃	1250Ω（±5%）	4.5Hz～1kHz
9200-02-	45°±2.5°				
9200-03-	水平±2.5°				
9200-06-	垂直±100°				10Hz～1kHz
9200-09-	垂直±180°				15Hz～1kHz
9200-11-	水平±10°				10Hz～1kHz

（3）作为测量轴承（盖）振动的磁电式速度传感器，许多生产同类 TSI 产品的生产商也生产磁电式振动速度传感器。目前在市面上常见的这些产品中既有进口，也有国产。这类产品的测量原理相同，主要技术参数、灵敏度指标、外形尺寸、安装方式等也大致相当。本文不再逐一详细阐述。

3.2　磁阻式传感器

磁阻式传感器的测量原理基于磁阻效应，即磁性材料的电阻率会随着外部磁场的变化而变化。磁阻式传感器通常由一个或多个磁敏电阻组成，这些电阻在外部磁场的作用下其电阻值会发生变化。当磁性材料被磁化时，其内部的磁化方向会根据材料的易磁化轴、形状以及外加磁场的方向而变化。如果给这种材料通入电流，材料的电阻会依赖于电流的方向与磁化方向的夹角。当外部磁场改变磁化方向时，材料的电阻也会随之改变，这种变化可以用来测量磁场的强度或方向。磁阻式传感器的优点包括高灵敏度、良好的线性响应、长期工作可靠性好、抗干扰能力强，并且可以工作在恶劣的环境中。

磁阻式传感器大多应用于 DEH/MEH 或机头转速表，因其制造工艺简单、成本较低，国内生产商众多，遍布各地。这类传感器在火电机组的转速测量中应用广泛。传感器的外观如图 3-13 所示。

图 3-13　磁阻式传感器外观图

国产磁阻式传感器在规格和技术指标上相似，主流的螺杆及螺纹规格为 M16mm×1mm。为了测量汽轮机的正反转，有些传感器将两支探头集成在一个壳体内。磁阻式传感器分为有源和无源两种，频率范围通常为 0~20kHz。无源传感器在低转速时可能处于磁滞区，导致部分传感器在转速低于 100~300r/min 时无法准确测量或测量不稳定。传感器的阻值通常在 200~550Ω 之间，其中 200~300Ω 被视为低阻值，350~550Ω 则被视为高阻值。安装间隙一般以 1.0mm 为宜。

磁阻式传感器在 TSI 系统中主要用于汽轮机超速保护、机尾或其他转子段的转速测量等。此外，机头表和撞击子也多采用磁阻式传感器，但撞击子所用的传感器并非用于测量转速，而是作为撞击子甩出时的信号触发器。

3.3　霍尔效应传感器

霍尔效应传感器的测量原理基于霍尔效应，即当电流通过一个位于垂直于电流方向的磁场中的导体或半导体时，会在导体或半导体的横向（即垂直于电流和磁场的方向）产生电压的现象。

霍尔效应传感器通常包含以下几个部分：①霍尔元件：一种半导体材料，如砷化镓（GaAs）或锑化铟（InSb），用于检测磁场；②电流源：为霍尔元件提供恒定电流；③信号放大器：放大霍尔元件产生的微弱电压信号。

当霍尔元件置于磁场中时，电子在运动过程中会受到洛伦兹力的作用而偏向一侧，导致霍尔元件的一侧积累负电荷，另一侧积累正电荷，从而在霍尔元件的横向产生电压差，这个电压差被称为霍尔电压。霍尔电压的大小与磁场的强度和通过霍尔元件的电流成正比，与霍尔元件的材料特性有关。

霍尔效应传感器现场应用数量不多，主要为艾默生 PR9376 型，其测量原理图如图 3-14 所示。

图 3-15 为 PR9376 型霍尔效应传感器的外观图，包括电缆末端附有型号和安装提示的标签（A）、铠装传感器电缆（B）、PR9376 型霍尔效应传感器本体（C）、传感器调整方向的标识点（D）以及安装夹具（E）。安装夹具是一个开口环，用于固定传感器。将传感器插

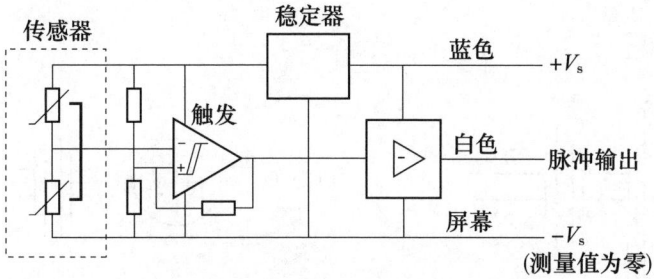

图 3-14　PR9376 型霍尔效应传感器原理图

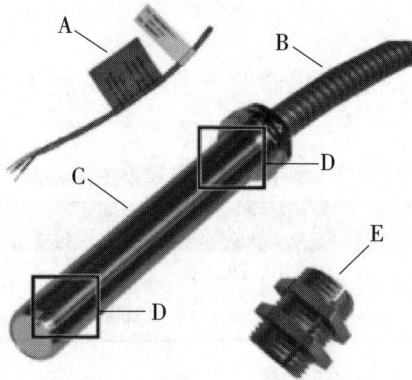

图 3-15　PR9376 型霍尔效应传感器外观图

入环中，调整好安装间隙和方向后，同时紧固两个螺母，传感器会被夹紧。螺母拧得越紧，对传感器的夹持力就越强。

　　图 3-16 与图 3-17 为 PR9376 型霍尔效应传感器的安装示意图，前者用于键相测量，后者用于转速测量。

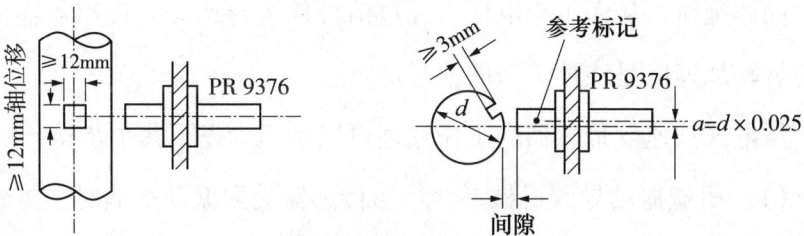

图 3-16　PR9376 型霍尔效应传感器用于键相测量

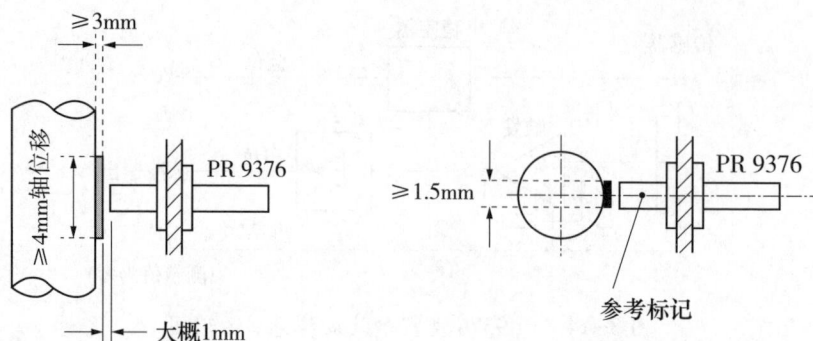

图 3-17　PR9376 型霍尔效应传感器用于转速测量

PR9376 型霍尔效应传感器的主要参数见表 3-5。

表 3-5　　　　　　PR9376 型霍尔效应传感器主要参数

传感器型号	传感器直径	供电电压	频响	工作温度	备注
PR9376	14mm	10~30V DC	0~12kHz，12000CPM	−25~100℃	
安装夹具	外螺纹：M18mm×1.5mm				

3.4　压电式加速度传感器

压电式加速度传感器的测量原理基于压电效应，即当机械应力作用于某些特定的压电晶体时，会在晶体表面产生电荷。压电式振动传感器由压电晶体与质量块组成，其工作基于质量块随被测物体运动对压电晶体施压，从而生成电荷。经过信号放大与调理，传感器输出电压与振动加速度呈线性关系的信号。

压电式加速度传感器的工作原理可以概括为以下几个步骤：

（1）机械振动导致机械形变：当传感器受到振动影响时，传感器的压电元件会随之发生机械形变。

（2）压电效应：由于压电材料的形变，在其表面产生电荷分布的变化，从而在压电元件的两个表面之间产生电动势。

（3）电荷转换：产生的电动势可以通过连接到压电元件的电极测量，并通过电荷放大器转换成电压信号。

（4）信号处理：转换后的电压信号经过滤波、放大等信号处理步骤，最终转换为与加速度成正比的电压或电流信号输出。

压电式加速度传感器的优点包括：①高频响应：由于压电材料的快速响应特性，这类传感器非常适合测量高频振动；②灵敏度高：能够检测到微小的加速度变化；③稳定性好：长期稳定性和重复性好。

由于电荷易受干扰，压电式加速度传感器在主机系统中应用有限，但在辅机系统中，因其价格优势，压电传感器仍被使用。

压电式加速度传感器原理示意图如图 3-18 所示。

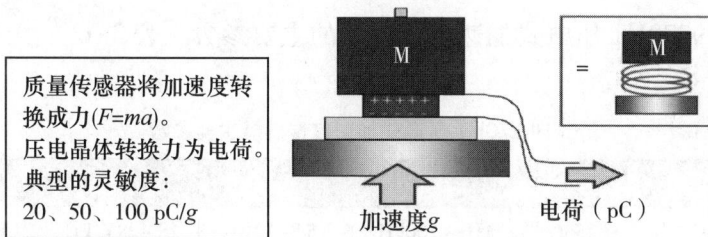

图 3-18　压电式加速度传感器测量原理图

国内外压电式加速度传感器的制造商很多，因此产品型号也数不胜数。作为 TSI 设备的主要生产商，艾默生公司和本特利公司也有同类产品，介绍如下：

（1）艾默生 PR9270HT 压电式加速度传感器见图 3-19 和图 3-20。

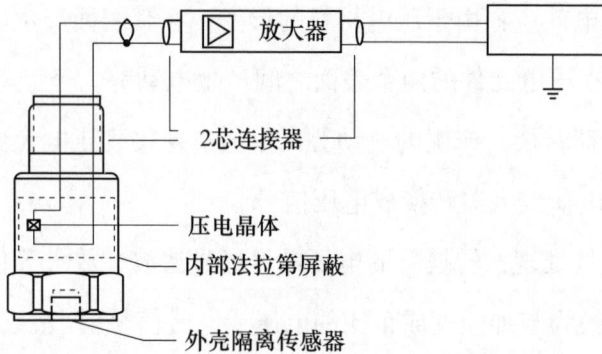

图 3-19　PR9270HT 压电式加速度传感器内部结构和连接线路

图 3-20　PR9270HT 压电式加速度传感器外观图

PR9270HT 压电式加速度传感器的主要参数见表 3-6。

表 3-6　　　　　　　　　PR9270HT 压电式加速度传感器主要参数

灵敏度	输入范围	频响	工作温度	激励电压	输出阻抗
4mV/pC	±625pC	1Hz~100kHz	−54~121℃	18~28V DC	<10Ω

（2）本特利公司生产的压电式加速度传感器型号较多，目前最常用的是 330400（见图 3-21）和 330425。

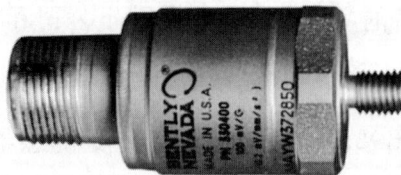

图 3-21　本特利 330400 压电式加速度传感器外观图

本特利 330400 压电式加速度传感器的主要参数见表 3-7。

表 3-7　　　　　本特利 330400 压电式加速度传感器主要参数

传感器型号	灵敏度	输入范围	频响	工作温度	激励电压
330400	$100\text{mV}/g$	$50g$	10Hz~15kHz	−55~121℃	(−24±0.5) V DC
330425	$25\text{mV}/g$	$75g$			

注　g 为重力加速度，m/s^2。

（3）目前，全球范围内生产压电式加速度传感器的厂商众多，其产品型号繁多。尽管不同厂商的产品在外形结构和安装方式上存在差异，但它们的设计原理和主要技术指标基本一致。图 3-22 是瑞士 Vibro-Meter 公司生产的 VMCA901 压电式加速度传感器外观图。

图 3-22　VM CA901 压电式加速度传感器外观图

3.5　线性可变差动变压器（LVDT）传感器

LVDT（Linear Variable Differential Transformer，线性可变差动变压器）是一种用于测量线性位移的传感器。

线性可变差动变压器（LVDT）传感器的测量原理基于变压器的工作原理，它将机械位移转换为电信号。LVDT 由一个一次线圈和两个二次线圈组成，这两个二次线圈方向相反且对称分布，它们与一次线圈一起位于传感器的固定部分（见图 3-23）。可移动的铁芯（或称为纤芯）通常由导磁性材料制成，并且可以在传感器内部的非接触环境中沿中心轴线自由移动。

当交流电压施加到一次线圈时，线圈产生的磁场会在两个二次线圈中感应出电压。铁芯的位置会改变磁场分布，进而改变两个二次线圈的磁通量，导致两个二次线圈中感应出的电压产生差异。传感器输出的是两个二次线圈电压的差值，这个差值与铁芯的位移成正比，从而实现了位移到电压的线性转换。

LVDT 传感器的优点包括高灵敏度、良好的线性响应、测量的线性范围大、长期工作可靠性、重复性好、径向不敏感、输入/输出隔离、坚固耐用和环境适应性。这些特性使得 LVDT 传感器在各种应用中都非常有用，如测量位移、振动、厚度、膨胀等物理量。

LVDT 传感器的结构有三种形式：三线式（4/5 短接，2/6 短接）、五线式（4/5 短接）和六线式。测量范围可以从 50~1000mm。这种传感器在 DEH/MEH 系统中用于测量所有调节阀的位置信号，是大家熟悉的测量设备。

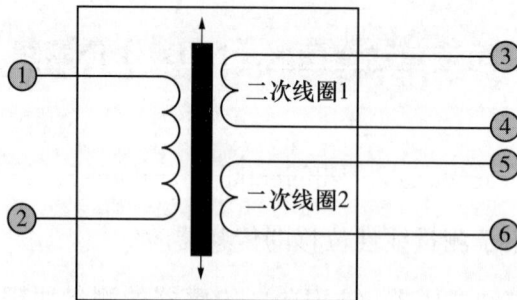

图 3-23　LVDT 传感器结构原理图

LVDT 传感器是一种接触式位移测量传感器，在 TSI 系统中主要用于测量缸体热膨胀，近年来随着发电机组容量的增加，低压缸的相对膨胀测量也开始采用 LVDT 传感器。下面介绍常用的 LVDT 传感器类型：

（1）艾默生 PR9350/×× 传感器。在艾默生 TSI 系统中，用于监测火电机组缸体膨胀及低压缸胀差的传感器为 PR9350/×× 系列。该系列传感器采用三端引线设计，其中 A、C 端分别对应一次线圈，而 B、C 端则构成中间抽头。传感器的外观和内部接线如图 3-24 和图 3-25 所示。

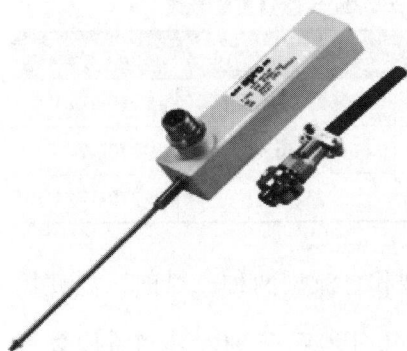

图 3-24　PR9350/×× 传感器外观图　　图 3-25　PR9350/×× 传感器内部接线图

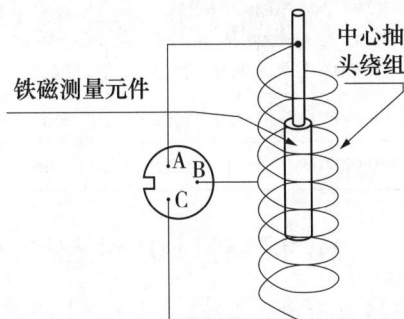

鉴于 LVDT 传感器绕组壳体和铁芯连杆较为"单薄"，机械强度相对较弱，单独安装在前箱两侧可能不太合适，容易在机组检修期间受损。因此，建议在传感器外加装外壳以增强其结构强度。如图 3-26 所示，加装有外壳的 LVDT 传感器可用于缸胀测量。需要注意的是，用于缸胀测量的 LVDT 传感器都需要将 LVDT 安装在适合的外壳内，这与用于测量阀门位置反馈的 LVDT 传感器在安装上存在差异。

PR9350/×× 为系列产品，/×× 是按照传感器的量程排序的，最小

图 3-26　PR9350/××传感器安装夹具

量程为 25mm，最大量程为 300mm，常用型号为 PR9350/01、PR9350/02 和 PR9350/04，其主要参数见表 3-8。

表 3-8　PR9350/01、PR9350/02 和 PR9350/04 传感器主要参数

传感器型号	测量范围	A、C 端阻值	AB 或 BC 端阻值	电压变比
9350/01	0～25mm	38.4～40.6Ω	19.2～20.3Ω	110mV/V
9350/02	0～50mm	66～73.6Ω	33～36.8Ω	270mV/V
9350/04	0～100mm	46～54Ω	23～27Ω	270mV/V

（2）本特利 LVDT 传感器有交流型和直流型两种，目前广泛使用的是直流型，型号为本特利 19045/19046/19047 三种。其测量原理和外观分别如图 3-27 和图 3-28 所示。

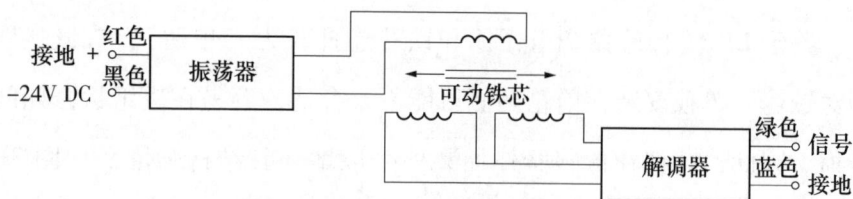

图 3-27　本特利 19045/19046/19047 DC-LVDT 原理图

从原理图中可见，LVDT 传感器由直流供电电源提供电力，在振荡器电路内产生交流电压以供电给一次线圈，二次线圈产生的交流电

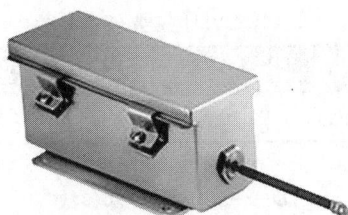

图 3-28 本特利 19045/046/047 DC-LVDT 传感器外观

压经过解调器转换为直流电压输出，输出的直流电压与移动铁芯的位移量呈线性比例关系。

本特利 19045/19046/19047 传感器主要参数见表 3-9。

表 3-9　　　　本特利 19045/19046/19047 传感器主要参数

传感器型号	测量范围	输入电源	灵敏度	备注
19045	0~25mm		0.35V/mm	
19046	0~50mm	-24V，25mA	0.40V/mm	
19047	0~100mm		0.14V/mm	

（3）在实验室检定过程中，送检其他型号的 LVDT，主要有 VM AE119 和 TD-2-50 型号，如图 3-29 和图 3-30 所示。表 3-10 和 3-11 分别为这两种传感器的主要参数。

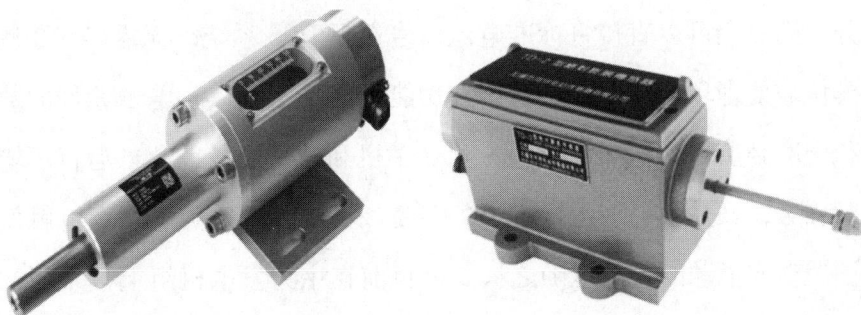

图 3-29　VM AE119 LVDT 传感器外观　图 3-30　TD-2-50　LVDT 传感器外观

表 3-10 　　　　　　　　AE 119 LVDT 主要技术参数

传感器型号	测量范围	输入电源	输出电流	线性误差
AE 119	0~50mm	+20V ~ +32V DC	4~20mA	<1% FSD

表 3-11 　　　　　　　　TD-2-50 主要技术参数

传感器型号	测量范围	工作温度	线性误差	备注
TD-2-50	0~50mm	100℃	>0.5% FSD	需配本公司仪表

3.6　测量/转换一体化传感器（变送器）

近年来，传感器制造商为适应不同市场需求，也陆续开发出一些一体化传感器，即将传感器、前置放大器（或电荷放大器）、信号转换电路集成在一起，最后输出的是 4~20mA 标准电流信号。

这类产品的设计功能不同，有的功能较全面（如软件组态运行参数，冗余电源输入，可输出报警/跳机信号及缓冲输入信号等）；有的功能较单一，类似于我们熟悉的温度/压力变送器，只是单纯地将被测的机械量信号转换成标准的电流输出信号。如果该类产品的测量精度、稳定性和可靠性得以提高，同时能为 TDM 系统提供必需的信号成分，则完全可以直接将标准电流信号送至 DCS 系统，无需经 TSI 测量模块的处理环节。但由于将多种功能电路集于一体，电子元件的数量和密度必然增加，加之现场一侧（主机和辅机设备平台）运行环境相对恶劣，又是长周期运行，难免会使该类设备的故障率增高，触发保护误动或拒动的风险也随之提高。目前在主力发电机组上被采用的并不算多。

3.6.1 艾默生变送器

艾默生公司推出了 MMS3000 系列变送器（见图 3-31），以满足不同应用需求。该系列变送器能够测量 TSI 系统的所有测点，包括相对轴振、轴位移胀差、瓦振、转速/键相、缸体膨胀等。其设计理念在于采用双通道设计、高防护等级（IP67）、传感器和变送器可就地安装，涡流传感器的前置器集成在变送器内部，并采用冗余电源供电，输出信号包括模拟量信号（电压和电流）以及开关量信号（通道故障、报警、危险），可直接与 DCS 或 ETS 等系统连接。

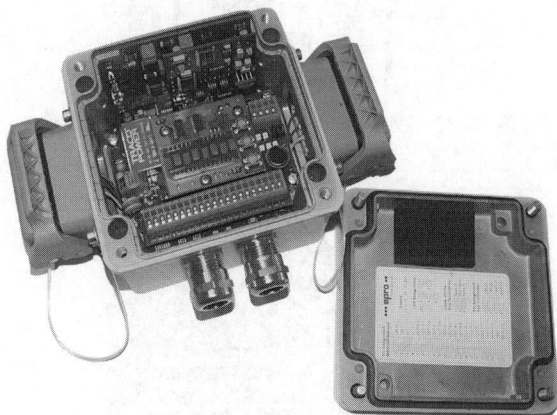

图 3-31　艾默生 MMS3000 系列变送器外观

3.6.2 本特利变送器

本特利公司生产的振动变送器型号主要包括 1900/15、1900/17 和 1900/25。这些变送器设计功能齐全，具备多种报警显示、LCD 输出显示、继电器输出、模拟量输出和缓冲输出等 TSI 指定输出参数。1900/17 振动变送器的外观如图 3-32 所示。

最新的型号是 2300/20 和 2300/25，如图 3-33 所示，其中 2300/
20 为双通道设计，可连接涡流、速度、加速度传感器，能够测量振
动加速度、振动速度、轴振和轴位移。每个通道均可输出 4~20mA 信
号及相关 TSI 测量所需信号。

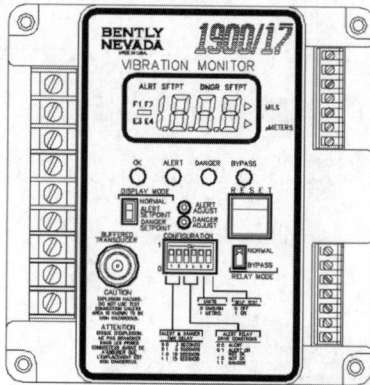

图 3-32　本特利 1900/17 振动变送器外观

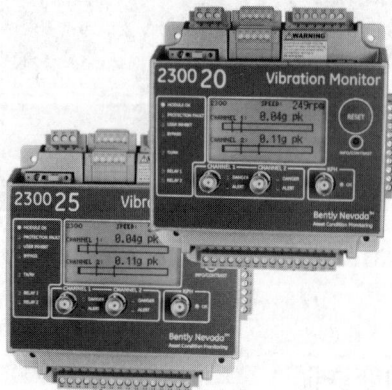

图 3-33　本特利 2300/20、2300/25 振动变送器外观

3.6.3　其他

目前，将传感器与前置器（或电荷调理器）集成在一起的"一

体化"传感器越来越多，尤其以压电式速度（加速度）传感器最为常见，该传感器把振动产生的电荷量变化，经调理、放大等一系列处理后，最后输出与传感器标称的量程范围呈线性比例关系的 4~20mA 电流信号。这类传感器安装和使用方便，无需构建专门的测量系统，也不需要复杂的测量回路。但由于可靠性和测量精度的原因，这类变送器大部分主要用于振动监视，真正用于汽轮机监视保护的还很少被采用。

3.7　压电式动态压力传感器

压电式动态压力传感器是汽轮机监测系统（TSI 系统）中不可或缺的部件，其作用在于实时监测介质压力的变动，以保障设备的安全生产和稳定运行。

在市场上，主流的压电式动态压力传感器制造商和品牌包括以下几家：

（1）PCB Piezotronics：这是一家德国企业，专注于压电式传感器的生产，提供多种型号以满足不同监测场景的需求。

（2）Kistler Group：源自瑞士的品牌，以其高品质的压电传感器而闻名，产品线覆盖了广泛的工业应用领域。

（3）Honeywell International Inc.：美国知名品牌，提供包括压电式传感器在内的多种工业传感器和解决方案。

具体的型号、监测范围及其他重要参数见表 3-12。

表 3-12　　　　　市面上主流压电式动态压力传感器主要参数

生产厂家	品牌	型号	监测范围	特点
PCB Piezotronics	PCB	333B32	0~100kPa	频率响应范围广，耐高温高压
Kistler Group	Kistler	8621A	0~100kPa	高精度、小型化设计
Honeywell International Inc.	Honeywell	113B21	0~70kPa	抗腐蚀性能好，适用于恶劣环境

3.8　动态温度传感器

在 TSI 系统中使用的动态温度传感器通常包括热电偶、电阻温度检测器（RTD）、半导体温度传感器等类型。这些传感器能够提供实时的温度测量，对确保旋转设备的安全稳定运行非常重要。表 3-13 是一些常见的动态温度传感器及其主要参数。

表 3-13　　　　　　常见动态温度传感器及其主要参数

生产厂家	型号	测量范围	主要参数
本特利	3300/03、3300/08、3300/09 等	−50~260℃（取决于型号）	精度：±0.5℃；频率响应：最高 5kHz；类型：热电偶或热电阻
西门子	PT100、PT1000 等	−50~850℃	精度：±0.1℃；类型：热电阻
ABB	TT910、TT920 等	−50~400℃（取决于型号）	精度：±0.1℃；频率响应：最高 1kHz；类型：热电偶或热电阻
霍尼韦尔	STT335、STT337 等	−50~260℃	精度：±0.25℃；类型：热电偶
GE	TMP35、TMP36 等	−50~150℃	精度：±0.5℃；类型：热电偶或热电阻

在选择动态温度传感器时，应注意以下几个关键点：

（1）测量范围：确保传感器的测量范围覆盖了应用环境的预期温度范围。

（2）精度和分辨率：根据应用的精确度要求选择合适的传感器，分辨率应至少与精度相匹配。

（3）稳定性和重复性：选择在长期运行中能够保持稳定输出的传感器，以确保测量数据的可靠性。

（4）环境适应性：考虑传感器是否能够耐受预期的湿度、压力、振动、电磁干扰等环境因素。

（5）信号输出：根据数据处理系统的要求选择合适的信号输出类型（模拟或数字），以及接口类型（如 RS232、RS485、USB 等）。

（6）响应时间：对于动态监测应用，选择响应时间快的传感器以捕捉温度变化。

（7）尺寸和形状：确保传感器的物理尺寸适合安装位置，特别是在空间受限的环境中。

（8）成本效益：评估传感器的成本与其性能指标之间的关系，选择性价比最高的选项。

（9）兼容性：选择与现有监测系统兼容的传感器，以便于集成和数据采集。

（10）认证和标准：优先选择符合国际或行业标准的传感器，这有助于确保质量和互操作性。

<table>
<tr><td>第 4 章</td><td>TSI 仪表各测量参数的
定义和监测原理</td></tr>
</table>

CHAPTER 4

TSI 系统监测的旋转设备运行参数包括振动［轴振（轴相对振动）、轴承座振动（壳振）、轴绝对振动］、转速、相位、轴位移、胀差（转子相对膨胀）、（壳）体绝对膨胀、偏心（挠度）等，这些参数的定义及监测原理如下。

4.1 振动的峰–峰值、单峰值、有效值

振幅的量值可以表示为峰–峰值、单峰值、有效值或平均值。峰–峰值是整个振动历程的最大值，即正峰与负峰之间的差值；单峰值是正峰或负峰的最大值；有效值即均方根值；平均值是在一个周期内的信号波形的平均值。

有效值计算公式

$$I = \sqrt{\frac{1}{T} \int_0^T I_{\mathrm{m}}^2 \sin^2(\omega t + \varphi_{\mathrm{i}}) \, \mathrm{d}t}$$

平均值计算公式

$$I_{\mathrm{av}} = \frac{1}{T} \int_0^T |i| \, \mathrm{d}t = \frac{1}{T} \int_0^{\frac{T}{2}} I_{\mathrm{m}} \sin \omega t \mathrm{d}t$$

在纯正弦波（如简谐振动）的情况下，单峰值等于峰–峰值的1/2，有效值等于单峰值的 0.707 倍，平均值等于单峰值的 0.637 倍；平均值在振动测量中很少使用。如图 4-1 所示。

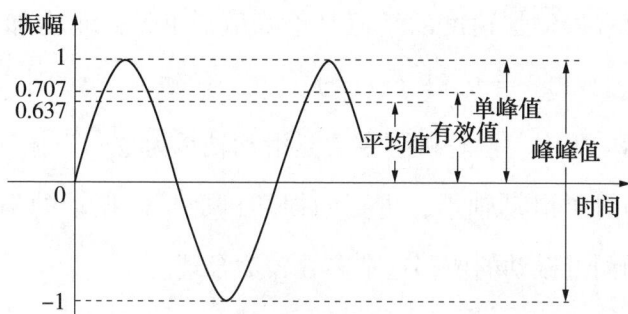

图 4-1 峰-峰值、单峰值、有效值

4.2 振动位移、振动速度、振动加速度

振动位移、振动速度和振动加速度是描述机械振动的三个基本参数，三者相互之间可以通过微分或积分进行换算。

（1）振动位移：振动位移是指物体在振动过程中，相对于其平衡位置的位移。它是振动物体在某一时刻的位置与平衡位置之间的距离。

（2）振动速度：振动速度是振动位移随时间的变化率，即物体在振动过程中速度的变化。它描述了物体振动的快慢。

（3）振动加速度：振动加速度是振动速度随时间的变化率，即物体在振动过程中加速度的变化。它描述了物体振动的急缓程度。

振动位移对时间求微分，就得到了振动速度；振动速度对时间求微分，就得到了振动加速度。反过来，振动加速度通过积分可以得到振动速度；振动速度再积分就得到了振动位移。

在振动测量中，除特别注明外，习惯上，振动位移的量值为峰-峰值，单位是微米（μm）；振动速度的量值为有效值，单位是毫米/

秒（mm/s）；振动加速度的量值是单峰值，单位是重力加速度（g）或（m/s^2），1（g）=9.81（m/s^2）。

在实际应用中，汽轮机（主要是滑动轴承为主）以振动的位移来描述，因为对于滑动轴承，主要的损坏机理是以振动的幅度破坏为主，所以用测量振动的位移这个参数较为合理。

4.3　轴振（相对振动）、轴的绝对振动

由于测量转子主轴振动的电涡流传感器是安装在轴承座上的，所以测得的轴振动是轴相对于轴承座的振动，即轴的相对振动。

轴的绝对振动是轴相对于大地的振动值，即轴振（相对振动）与轴承座振动的矢量和。

由于轴的绝对振动在工程上应用很少且无法进行校准，测量结果是根据理论计算的，可信度较差，说服力不够，所以理论界不推荐，理论界推荐相对振动可以较为准确地反映了主轴的振动真实状态，因此，通常说的轴振就是轴的相对振动。

4.4　轴承座振动（壳振）

轴承座的振动，也称为壳振或瓦振，是指轴承座相对于其基础或大地的振动。这种振动通常是由汽轮机转子振动传递给轴承座引起的。

轴承座振动通常采用磁电式速度传感器或压电式加速度传感器测量，这些传感器可以直接固定在轴承座上，或者通过磁座吸附在其

上。测量时，传感器会检测轴承座相对于其安装基础的振动。

4.5 转速、相位

转子的转速是指转子在单位时间内旋转的圈数，通常指每分钟旋转的圈数（单位为 r/min）。转速的测量方法通常由电涡流传感器（或霍尔传感器）搭配测速齿轮［或者键相槽（或凸）］来测量，利用传感器检测转子转动产生的脉冲信号来计算转速。

相位是在给定时刻振动信号第一个正峰值相对于转子上固定参考点的相对位置，单位是度（°）。相位是振动在时间先后关系上或空间位置关系上相互差异的标志，相位在判断振动故障的类型中有着非常重要的作用，在动平衡技术中更是必不可少。

相位的测量通过键相器来实现。键相器是由探头（如涡流式、光电式等）与轴上固定标志［如键槽、凹孔（或凸台）、反光板等］所组成的相位测量仪表（见图 4-2）。当轴上固定标志经过键相探头时，键相器便会触发一个脉冲信号，脉冲信号是确定各测点振动相位的基准，脉冲频率与转子旋转频率完全同步。

4.6 轴位移、胀差

转子的轴位移是指转子在轴向上相对于其原始位置的位移。它反映了汽轮机转动部分和静止部分的相对位置，是汽轮机运行中的一个重要参数，因为过大的轴向位移可能导致动静部件之间的接触和损坏。测量轴位移通常使用电涡流传感器，通过测量传感器与被测物体

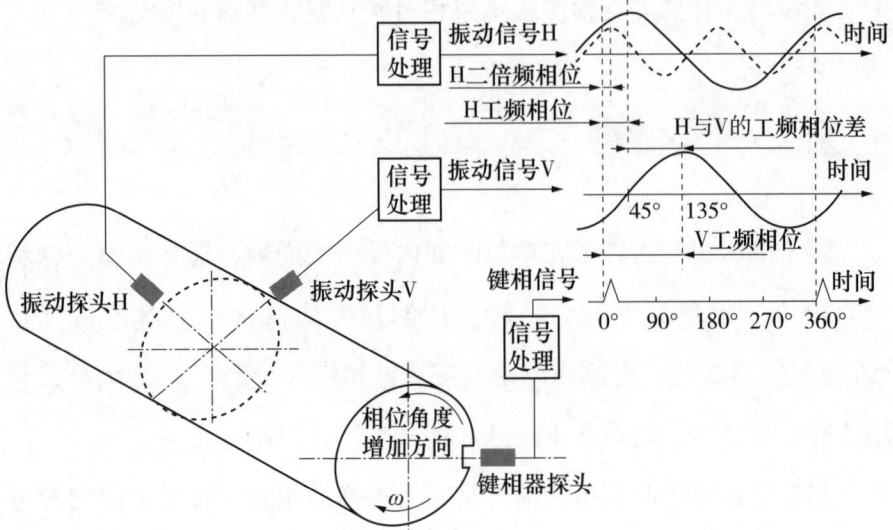

图 4-2　相位测量示意图

之间的距离变化，从而可以计算出轴位移。

　　胀差，也称为相对膨胀差，是指汽轮机在启动加热或停止运行冷却时，转子与汽缸之间的膨胀或收缩的差异。由于转子和汽缸的质量、受热面积和加热速率不同，它们在温度变化时的膨胀或收缩速度也不同。胀差通常用转子相对于汽缸的膨胀量来表示，正值表示转子膨胀超过汽缸，负值则相反。

　　胀差的测量则可以通过安装在汽轮机上的胀差测量装置来实现，这种装置通常包括电涡流传感器和与之配套的前置器。传感器安装在汽缸上，而测量探头则安装在转子上，通过测量两者之间的距离变化来计算胀差。部分电厂将胀差传感器安装在盘车附近，通过双斜面计算位移量，使用两只电涡流传感器测量探头与斜面的位移量，通过公式计算出胀差。

4.7　缸（壳）体绝对膨胀

　　缸（壳）体的绝对膨胀量是指在启动或停机过程中，由于温度变化，汽缸（机壳）产生的膨胀或收缩的总量。这个参数对于监测设备在热力学过程中的物理变化非常重要，可以提供关于设备是否正常运行的重要信息。

　　测量缸（壳）体的绝对膨胀量通常使用安装在汽缸上的线性可变差动变压传感器（LVDT）来测量膨胀变化，这种传感器可以检测两点之间的距离变化。

4.8　偏心（挠度）

　　转子的偏心（挠度）是指转子在旋转时由于各种原因（如制造误差、磨损、受热不均等）导致其质心与旋转中心不一致的现象。偏心会造成转子在旋转时产生额外的振动和动平衡问题，影响机械的运行效率和寿命。

　　转子偏心量通常使用键相模块与偏心模块结合进行测量，具体测量方法在第 5 章有详细介绍。

<table>
<tr><td>第 5 章</td></tr>
</table>

第 5 章　常见系统配置

CHAPTER 5

5.1　常见测点布置方式

汽轮机监测系统（TSI 系统）的测点布置是系统建设的关键环节，直接影响监测数据的准确性和可靠性。测点布置的合理性决定了系统能否有效地监测设备的运行状态，并及时发现潜在的故障。

根据监测目的和设备类型，TSI 系统的测点布置方式多种多样，以下是一些常见的测点布置方式。

5.1.1　轴振动测点布置

汽轮机通常都采用电涡流传感器直接监测轴振动，这种监测方式准确度高，干扰小。另外，为了监测振动的相位，还会布置一个键相传感器，键相传感器类型与轴振动传感器相同，安装方式也相同，正对着键相槽。

布置电涡流传感器时应遵循以下原则：

（1）间隙合适：电涡流传感器通过测量被测金属转子与传感器探头之间的相对位移来监测振动，为了保证测量的准确度，安装时需调整好传感器顶端与被测表面的距离，使其处于线性响应范围内，建议距离为 1.5~1.8mm，此时间隙电压约为-10V。

（2）合理的安装角度：为了消除转子重力的影响，尽量确保同一截面内的两个传感器具备相同的测量环境，建议测量径向振动的传感器倾斜 45°布置，两传感器互相垂直，尽量不要采用水平垂直方向布置。此外，电涡流传感器与被测表面保持垂直，偏差角度不超过 5°，如图 5-1 所示。

（3）避免交叉干扰：当多个传感器邻近安装时，探头应保持足够的距离以避免交叉失真，确保信号的独立性和准确性。具体要求见图 5-2 和表 5-1。

（4）支架刚性：传感器支架应具有良好的刚性，其固有频率应远离工作频率，确保机组运行时，支架不发生颤动。

（5）环境适应性：传感器应能够适应汽轮机的工作环境，如高温、振动和油污等。

（6）测量范围和灵敏度选择：根据被测转子的振动特性选择合适的传感器型号，确保传感器的测量范围和灵敏度能够覆盖转子振动的动态范围。

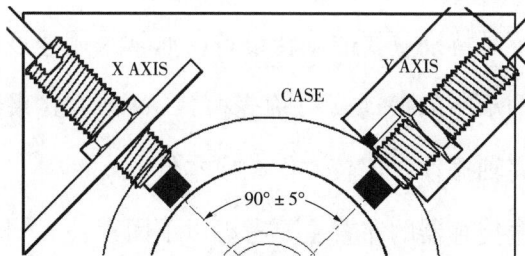

图 5-1 轴振动测点布置

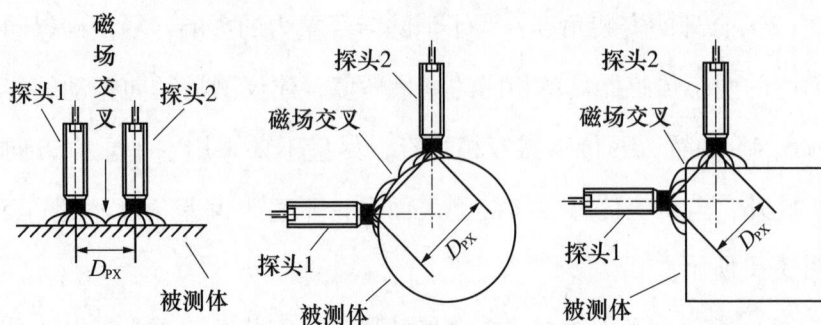

图 5-2 探头相距太近产生干扰

表 5-1 　　　　　　　　　　电涡流传感器探头间的最小间距　　　　　　　　　　mm

探头头部直径	两探头平行安装	两探头垂直安装 （被测体为圆柱）	两探头垂直安装 （被测体为方形）
φ5	40.6	35.6	22.9
φ8	40.6	35.6	22.9
φ11	80	70	40
φ25	150	120	80
φ50	200	180	150

5.1.2　轴承座振动测点布置

对于一些不是特别重要的旋转设备，通常采用速度传感器或加速度传感器监测轴承座的振动（俗称壳振），这种方式采集的数据准确度不如直接采集轴振动，比较方便，成本低。

汽轮机壳振传感器的布置主要考虑以下因素：

（1）布置方向：通常在轴承座上沿水平和垂直方向布置传感器，以测量径向振动。近年来出现了三向传感器，即一个传感器可以测量水平、垂直、轴向这三个方向的振动，方便了很多。

（2）测点位置：测点位置应选择在振动响应较为敏感且易于安装

的位置，如轴承盖上。

（3）传感器类型：速度传感器和加速度传感器均可用于测量壳振，速度传感器对低频振动更为敏感，加速度传感器对高频振动更为敏感。

（4）安装方式：传感器应牢固地固定在轴承座上，并与测量表面保持良好的接触。常用的安装方式有磁力安装、螺纹连接等。

（5）注意事项：避免传感器安装在可能受到油污、高温或电磁干扰的地方；定期检查传感器安装状态，防止松动或性能下降。

5.1.3 轴向位移测点布置

使用电涡流传感器测量转子的轴向位移，传感器正对着转子的轴位移测量盘，两者互相垂直（见图 5-3），选择传感器的中心点电压作为轴位移零点定位电压。通常采用四个传感器，分成两组，一组两个传感器，对称于转子安装。每组中的两个传感器采用"与"的逻辑关系，保证某一个传感器失效时不会给出错误信号；两组之间采用"或"的逻辑关系，彼此互相独立，以便有效地保护汽轮机组的安全。

测轴向位移的电涡流传感器布置时应遵循的原则与测径向振动一样，此处不再赘述。

5.1.4 转速测点布置

汽轮机监测系统（TSI 系统）中，转子转速的测量通常采用以下几种方式：

（1）电涡流传感器+测速齿轮盘：测速齿轮盘安装在转子上，随转子旋转，布置电涡流传感器对准齿轮盘的径向位置，探头距离齿顶

图 5-3　轴向位移测点布置

端 1mm 左右，转子旋转时，电涡流传感器测到脉冲信号，通过计算即可得到转速。这种测量方式具有极高的精度，受干扰较小。

（2）反光带+光电传感器：在主轴上缠绕黑白相间反光带，用光电传感器对准该反光带，转子旋转时，光电传感器测到脉冲信号，通过计算即可得到转速。

（3）通过键相信号计算转子转速，同样分成电涡流传感器与光电传感器两种方式，与前面两种类似，不同的只是用键相槽替换了测速齿轮（配合电涡流传感器），用反光片替换了黑白相间反光带（配合光电传感器）。

除了上述三种之外，还有采用霍尔效应传感器进行测量转速的，此处不再详述。

5.1.5　胀差测点布置

胀差是指汽缸与转子间发生的热膨胀的差值，监测胀差的目的是预防转子与汽缸之间产生摩擦。转子膨胀量大于汽缸膨胀量，胀差为正，反之为负。胀差分为高压胀差与低压胀差。测量高压胀差采用补偿式测量方式（见图 5-4），两支电涡流探头相向安装，根据两支探头测量的电压差，计算胀差值；低压胀差是一个 LVDT 型的测量装置（见图 5-5），直接测量电压经计算后得到胀差量。另外，斜面式测量胀差也是一种常用的方法，它通过将被测面改为斜面来扩大涡流探头的检测量程，从而减少对测量传感器线性范围和安装位置处测量净空范围的要求。

图 5-4　高压胀差测量

图 5-5　低压胀差测量

5.2　转速、零转速、键相、正反转检测

在发电机组的架构中，转速测量回路是关键组成部分，广泛分布于主机及辅助设备上，确保运行状态的精确监控与安全控制。主机轴系中，TSI 系统承载着超速保护（采用 3 取 2 冗余配置）以及机尾不同转子段的转速监测功能。DEH（数字电液控制系统）系统的转速测量同样采取 3 取 2 的安全策略，采用转速传感器与 PI 卡实现。此外，独立的转速测量系统，如机头转速表，通过转速传感器与数字显示表，提供直观的转速信息。辅机设备，诸如汽（电）动给水泵与风

机，同样配备类似的转速测量回路，确保整个发电系统的协调与稳定
运行。这些回路的精心设计与部署，构成了发电机组全面的转速监控
网络，对维护设备健康与提升运行效率至关重要。

转速测量方法有两种：测频法与测周法。测频法的测量回路主要
包含转速传感器（涵盖磁阻型、涡流型、霍尔型等种类）及信号处理
单元两大核心组件，如图 5-6 所示。对于需要外部供电的传感器类
型，如涡流型与霍尔型，其所需电能通常由信号处理单元内部转换并
稳定供给。转子旋转，当测速齿盘上的凹凸面依次经过转速传感器
时，传感器就会产生一系列脉冲信号，每个凸面产生一个脉冲。转子
旋转一圈，测速传感器产生的脉冲总数等于测速齿盘的齿数。

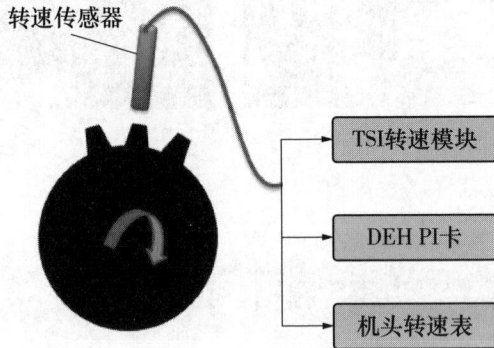

图 5-6　转速测量回路构成原理图

转子转速=信号处理单元每分钟所记录的脉冲个数/测速齿盘齿
数，单位 r/min。假如测速齿盘齿数为 60 个，信号处理单元每分钟记
录的脉冲个数 180000 个，则该转子转速为 3000r/min。无论是 TSI 系
统的转速测量模块，或是 DEH 系统的脉冲（PI）输入卡，还是机头
转速数显表，其测量转速的计算方法都是一样的。测频法的优点是响
应速度快，但可能存在计数上的误差，如多计或少计一个脉冲。

测周法则是通过测量旋转一周所需的时间来确定转速。在转子上做一个固定标记（比如键槽），转子旋转时，键槽处对准电涡流探头时，探头上就会产生一个脉冲电压信号。通过测量连续两个脉冲之间的时间间隔，可以计算出旋转一周所需的时间，进而得到转速。测周法的优点是测量精度较高，因为它不依赖于脉冲计数，而是直接测量时间间隔。随着数字化监视器的发展，将来可以用"测周法"取代"测频法"的转速测量计算方法。为了提高转速的测量精度和响应时间，常常会采用"测频/测周法"的转速测量计算方法。

5.3 转子轴向位移（置）检测

轴向位移与胀差测量回路的构成相同，两者采用的测量模块也是通用的，如艾默生 MMS6210，或 Bently3500 系统的 3500/42 和 3500/45 型号。这些回路普遍采用电涡流传感器（个别机组胀差测量使用 LVDT，胀差传感器的线性范围较轴位移传感器的大）。

回路构成如图 5-7 所示（注：图中只标注了一只传感器），示意测量面为轴位移测量盘，传感器与测量盘的角度为垂直 90°。

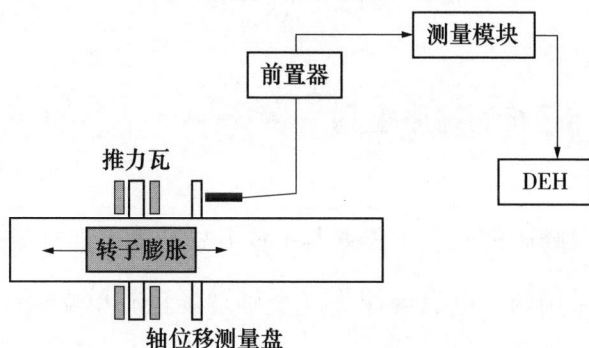

图 5-7　轴向位移测量回路构成示意图

5.4　转子相对振动检测

　　转子相对振动（即轴振）测量回路如图5-8所示，转子两端各
布置两个互相垂直的电涡流传感器，用以测量转子相对振动。这两个
传感器互相垂直，对准测振带，倾斜45°布置，输出电压信号，送到
TSI测量模块输出4~20mA的电流信号，并将信号传送至DEH或DCS
系统进行处理。

　　注：这里介绍的是双通道布局测量回路。也有部分机组采用单通道布局，
此处不作专门介绍。

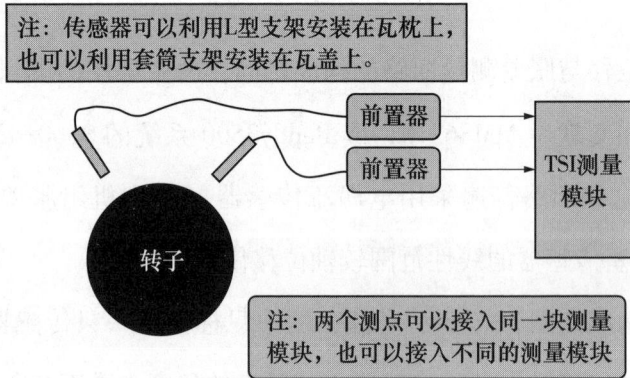

图5-8　轴振测量回路示意图

5.5　转子相对膨胀检测

　　转子相对膨胀即胀差，传感器布置方式前面已经介绍过，测量高
压胀差通常采用两支电涡流探头（个别现场也有单支探头的），通过
测量传感器与被测物体之间的间隙变化来计算胀差；测量低压胀差采

用 LVDT 型传感器，直接测量电压经计算后得到胀差量。

在布置传感器以测量胀差时，应遵循以下原则：

（1）对称布置：为了确保测量结果的准确性，传感器应安装在转子和机壳之间，对于灵敏度相同的胀差监视器，需要对称安装，对于灵敏度不同的胀差传感器，需要经计算后再进行安装。

（2）多点测量：在某些情况下，为了获得全面的热膨胀分布图，可能需要在不同的位置安装多个传感器，以测量各个点的胀差。

（3）考虑机械约束：在安装传感器时，必须考虑机械结构的限制，确保传感器能够自由地响应被测物体的运动。

（4）环境适应性：传感器的布置还需考虑到工作环境因素，如温度、振动和介质等，以便选择适合的传感器型号并采取相应的防护措施。

对于胀差测量范围比较大情况，可以采用斜面式测量方法。斜面式胀差测量法特别适用于胀差测量范围较大的情况，因为它通过使用斜面来机械放大位移量，从而减少对测量传感器线性范围和安装位置处测量净空范围的要求。

斜面式测量胀差的原理是通过将主轴的被测量面设计为斜面，利用测量盘的斜面对位移进行机械放大。当主轴在轴向移动时，其上的斜面会使得测量探头检测到的位移变化量大于实际的轴向位移。具体来说，如果轴向位移为 L，斜面与膨胀方向的夹角为 α，则探头探测到的相对位移 a 可以通过 $a = L\sin\alpha$ 计算得出。

在实际应用中，斜面式测量通常需要两个探头：一个用来探测轴的轴向位移，另一个用来探测轴的径向运动。这种双探头测量法可以更准确地监测转子的膨胀或收缩，因为它总是以向着一个传感器而离开另一个传感器的方向移动，最终显示的胀差值为轴向位移与径向位移的矢量差。

5.6　转子绝对振动检测

转子绝对振动（即复合振）的测量回路（见图5-9）在当前国内机组中已较少使用，早期虽有采用，后来都已进行改造。在此提及旨在帮助大家增加对不同测量技术的了解。

注：一个涡流传感器和一个速度传感器安装
在同一个专用支架上，通过瓦盖上的安装孔
将涡流传感器安装到指定位置。

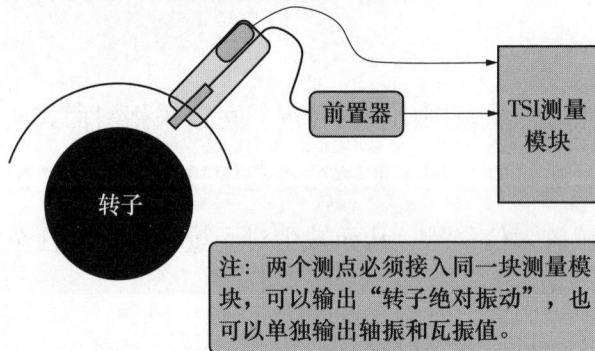

前置器

TSI测量
模块

转子

注：两个测点必须接入同一块测量模
　　块，可以输出"转子绝对振动"，也
　　可以单独输出轴振和瓦振值。

图5-9　绝对轴振（复合振）测量回路示意图

5.7　缸（壳）体绝对膨胀检测

常见的缸（壳）体绝对膨胀的测量回路有两种形式：一种是将LVDT传感器的输出接入配套的数字显示表，其中一次线圈激励电压由显示表提供，二次线圈输出经处理后以数字形式显示膨胀量，这种方式多见于国产设备；另一种是将 LVDT 传感器（交流或直流传感器介入）的输出接入 TSI 测量模块，交流 LVDT 的一次线圈激励电压由测量模块提供，二次线圈的输出电压经模块处理后以 4~20mA 电流形式输出至 DEH 或 DCS 系统，最终在工程师站监视画面上显示缸体热膨胀量，而直流 LVDT 则直接将输出电压送至 TSI 测量模块处理。回路构成如图 5-10 所示。

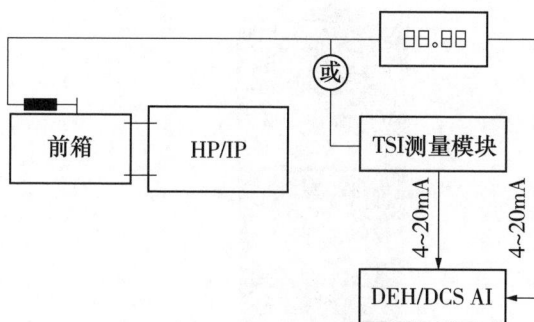

图 5-10　缸胀测量回路示意图

5.8　轴承（盖）绝对振动检测

轴承（盖）绝对振动的测量回路通常如图 5-11 所示，常用传感器类型主要有三种：磁电式传感器、压电式传感器、采用输出标准电流信号的一体化传感器（见图 5-12）。在振动输出特征值的评价上，主机倾向于使用振动位移（峰-峰），而辅机则更多采用振动速度（有效值）。一体化传感器的电流输出与其额定量程直接相关，如传感器量程为 0~10mm/s，则其 20mA 输出对应于 10mm/s 的振动速度。

55

图 5-11 轴承（盖）绝对振动（瓦振）测量回路示意图

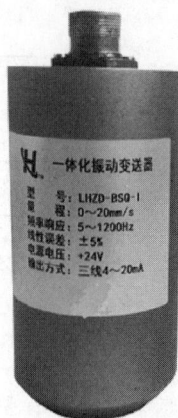

图 5-12 一体化传感器外观图

5.9 转子偏心检测

典型的转子偏心测量回路包括键相测量和偏心测量两个部分（见图 5-13）。转子每转一周，键相测量模块就输出一个脉冲，这个脉冲信号直接送至偏心模块，用作偏心测量模块输出每一转偏心峰-峰最大值的触发标识信号。这个脉冲信号既是下一个偏心采样周期的起始端（0°角），也是这一转采样结束（360°）后输出偏心值的触发脉冲。

在偏心测量中，每转仅输出一个特征值，代表传感器与被测面之

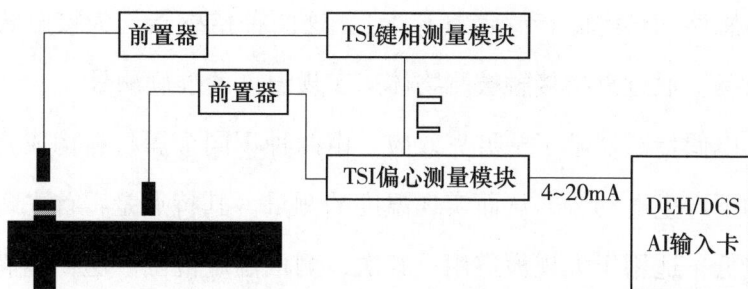

图 5-13　偏心测量回路示意图

间最大距离与最小距离的差值（远点和近点的距离差值），即峰-峰值。当收到键相脉冲时，模块输出并记录最后保留的峰-峰值，然后开始新一轮的采样和计算。图 5-14 所示为偏心信号处理示意图。

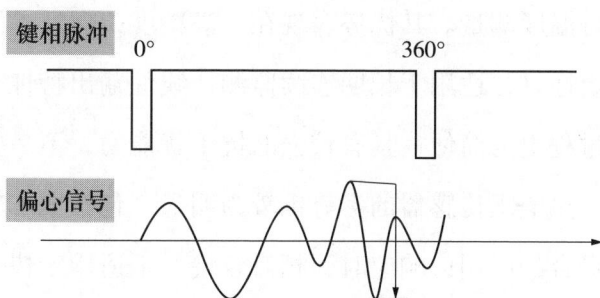

图 5-14　偏心信号处理示意图

　　上述方法是传统的模拟式监视器模块使用的方法。近年来，随着数字化监视器模块的发展，也可以使用键相信号或者转速信号，通过组态来实现偏心测量。

5.10　动态温度监测

　　在测量汽轮机中蒸汽介质的动态温度时，常用的传感器主要有热电偶传感器和热电阻传感器（RTD）。这两种传感器均为接触式温度测量设备，通过直接接触被测物体来实现温度的准确测量。

热电偶传感器基于塞贝克效应，由两种不同金属材料构成，在温差作用下产生电动势，从而实现温度的测量。其特点是：首先，成本相对较低，适用于大规模应用；其次，测量温度范围广泛，能满足多种工况需求；再次，响应速度快，适用于快速变化的温度监测。然而，热电偶传感器也存在不足之处，如精度相对较低，非线性输出使得信号处理和校准过程较为复杂，且易受电磁干扰，影响测量准确性。

相较之下，热电阻传感器（RTD）则是利用金属电阻随温度变化的特性来进行温度测量。其优势表现在：高精度，保证了测量结果的可靠性；稳定性好，适用于长期连续监测；线性输出特性，使得信号处理与校准过程更为简便；具有较强的抗干扰能力，不易受电磁干扰影响。然而，热电阻传感器的劣势也较为明显，包括成本较高，限制了其在某些场合的应用；响应时间相对较慢，不适用于快速变化的温度监测；以及测量温度范围不如热电偶广泛。

综上所述，热电偶传感器与热电阻传感器各有千秋，选择时应根据实际需求和工况特点，权衡其优缺点，以实现最佳的测量效果。

5.11　动态压力监测

动态压力测量回路是用于实时监测介质动态压力变化的关键系统，其核心组成部分包括以下几项：

（1）动态压力传感器：该组件是回路中的关键，负责直接测量介质的动态压力。常见的传感器类型有压电式、应变式和电容式。压电式传感器以其快速响应速度，适合于高频动态压力的测量，但其对温度变化较为敏感，需进行温度补偿。应变式传感器构造简单，成本较低，但响应速度较慢。电容式传感器则以高精度和良好的稳定性著称，但其结构和成本较为复杂。

（2）信号调节器：该装置的作用是对传感器输出的微弱信号进行放大和过滤，旨在提升信号质量并降低噪声干扰。信号调理器一般包含放大器、滤波器以及其他电子电路，以优化信号处理。

（3）数据采集系统：该系统负责收集传感器和信号调理器输出的数据，并将其从模拟信号转换为数字信号，以便于计算机系统进行进一步的处理和分析。数据采集系统通常具备高速采样率和较大的存储容量。

（4）传输线路：传输线路将传感器、信号调理器与数据采集系统连接起来，确保信号在传输过程中的完整性和稳定性。为减少电磁干扰，常采用屏蔽电缆作为传输线路。

（5）监控和分析软件：该软件用于实时显示压力数据，对数据进行深入分析和趋势预测，并在压力超出预定阈值时发出警报。此外，软件还支持数据的远程传输和远程监控功能。

第 **6** 章 常用仪表单元（测量模块）

6.1 测量模块概述

尽管不同品牌的 TSI 系统在设计初衷和应用场合上相同，都是为了满足汽轮发电机组的需求，但由于知识产权保护、遵循标准、制造工艺要求、成本核算等因素的影响，各品牌之间还是展现出各自独特的特点。这一点很容易理解，就像我们熟知的 DCS 系统、各类变送器等，虽然它们的外观、结构和尺寸以及使用方法（如功能块、组态软件等）各不相同，但它们的服务对象却是相同的。

每套 TSI 系统都是根据被监测设备的测点数目和类型来设计的，由各种类型的传感器、测量模块、可选择的功能模块（如通信模块、继电器模块等）、系统电源和电气附件（如机柜、端子、电缆等）组成。不同品牌的产品中，测量模块的通道数目可能会有所不同，目前主要有 2 通道和 4 通道等类型。由于不同测点需要采集的机械运行参数不同，所用传感器的测量原理也不尽相同，因此，针对不同的测点，可能会选择不同型号的测量模块。

以下是对这两种常用 TSI 系统的测量模块的简要介绍。

6.2　Bently3500 TSI 系统常用测量模块

Bently3500 TSI 系统常用的测量模块除了键相模块（2 通道）和转速模块（3500/50 两通道，3500/53 单通道）外，其余为 4 通道设计（见图 6-1）。型号如下：

（1）3500/20 接口模块；

（2）3500/25 键相模块；

（3）3500/40、3500/40M 涡流传感器测量模块；

（4）3500/42、3500/42M 涡流/速度传感器测量模块；

（5）3500/44、3500/44M 燃机振动测量模块；

（6）3500/45，位移量测量模块；

（7）3500/50、3500/53 转速测量模块；

（8）3500/32（34）4 通道继电器模块；

（9）3500/33 16 通道继电器模块。

在一台主辅机的 TSI 系统构成中，对上述测量模块的选配，主要依据的是现场测点数目、选择的传感器类型、测点冗余（备份）考虑等综合因素决定的。

图 6-1　Bently3500 TSI 系统外观

6.3　MMS6000 系统

MMS6000 系统，沿用了 MMS6000 系统的设计理念、遵循的标准、模块的测量功能和 PCB 结构等基本要素。其常用的测量模块有：

（1）MMS6110，轴振测量模块；

（2）MMS6120，瓦振测量模块（配速度传感器）；

（3）MMS6125，瓦振测量模块（配压电传感器，主机系统不常用）；

（4）MMS6140，转子绝对振动测量模块（俗称复合振，现很少用）；

（5）MMS6210，轴位移/胀差测量模块；

（6）MMS6220 偏心测量模块；

（7）MMS6312 转速/键相/零转速测量模块；

（8）MMS6410 缸胀测量模块；

（9）MMS6740 继电器模块；

（10）MMS6824 接口模块。

主要测量模块的外观如图 6-2 和图 6-3 所示。

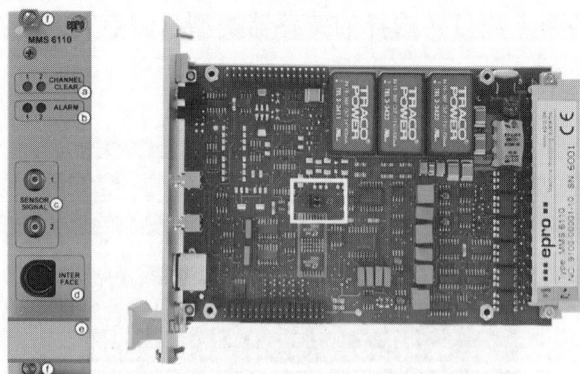

图 6-2　MMS6110 轴振测量模块外观

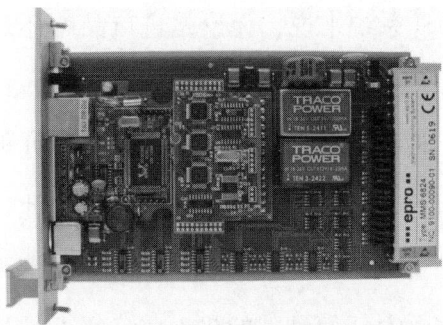

图 6-3　MMS6824 接口模块外观

6.4　Bently3500 与 MMS6000 测量模块功能

Bently3500 与 MMS6000 测量模块功能对照见表 6-1。

表 6-1　　　　　Bently3500 与 MMS6000 测量模块功能对照

TSI 测点类型	Bently3500 系统可用模块	MMS6000 系统可用模块	备注
通信接口	3500/20	A6822	IMR
键相	3500/25	A6312	3500/25 2 通道
转速/零转速/正反转	3500/50		3500/50 2 通道
转子相对振动	3500/42	A6110	
转子偏心		A6220	
轴位移		A6210	
胀差（常规）			
胀差（串联、锥面）	3500/45		
缸胀		A6410	
转子绝对振动	3500/42M	A6140	
轴承绝对振动（速度）		A6120	磁电式速度传感器
轴承绝对振动（压电）		A6125	压电式加速度传感器
继电器（16 通道）	3500/33	A6740	

　　谨记：对于 TSI 系统来说，无论是进口品牌还是国产品牌，其同类传感器的测量原理是相通的，不同的只是工艺、封装和灵敏度的变化；不同品牌测量模块对同类传感器采样信号的处理原则和方法也是相通的，不同的只是对信号成分的提取方式。因此，如果模块组态软件内可以"人工"修改传感器的灵敏度，传感器支架可以彼此接纳适应，所有类型传感器对任何品牌的 TSI 系统都可以互换使用。只要理解和掌握了其中的一种品牌，就可以"融会贯通"。同理，DCS 系统也是如此，无论你使用的是"新华"还是"Ovation"，或是"睿渥"系统，AI、AO、DI、DO 等输入/输出模块的测量原理或信号的转换原理是相通的，不同的是组态软件的设计、功能块的定义、DPU 与各种模块的通信方式等。

第 **7** 章 传感器安装定位与软件合理配置

CHAPTER 7

7.1 转速、零转速、键相、正反转

7.1.1 转速、零转速、键相、正反转测量装置的传感器安装方法

根据所用传感器型号的不同，传感器的安装方法也略有不同。

磁阻传感器的安装定位通常依据传感器与齿顶的间隙（说明书上一般要求为 1.0~1.2mm），实践中建议间隙为 1.0mm±0.1mm。考虑到传感器的使用时间，新传感器间隙可适当放宽至不超过 1.10mm，而老旧传感器由于其内部的永久磁铁磁性可能弱化，建议将间隙缩小至 0.8~0.9mm。

经验安装法：安装前先在传感器出线端做标记，随后将传感器旋转至头部接触齿盘齿顶，并记住标记位置后反向旋转一周（新传感器可额外旋转 10~20°），最后紧固安装螺母即可。该方法基于传感器标准 M16mm×1.0mm 螺纹，每旋转一圈行程为 1.0mm，紧固螺母时该间隙会减小 0.1~0.2mm，从而减少由于塞尺插入方向、插入角度、插入力度不同引起的误差。

用于转速测量的涡流传感器通常选用线性范围为±1.0mm 量程的传感器，安装时可采用间隙安装法或前置器电压安装法。若现场条件

允许使用塞尺，建议将传感器顶部与齿顶的间隙控制在 1.3~1.5mm，此间隙由传感器 1.0mm 的测量范围加上死区间隙构成，死区间隙的具体数值并无统一标准，一般为 0.3~0.5mm。

对于霍尔效应转速传感器，目前在现场 TSI 系统中应用较多的是艾默生 PR9376/××。该传感器的安装采用开口环、用两个螺母夹持方式。安装时，推荐安装间隙为 1.0mm。图 7-1、图 7-2 分别为该传感器的测量原理图、外观图，用于键相测量和转速测量的示意图见图 3-16、图 3-17。

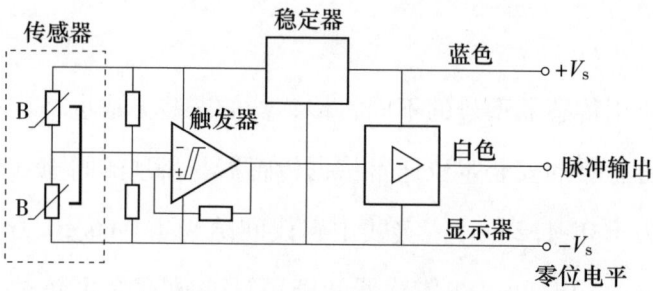

图 7-1　PR9376 型传感器原理图

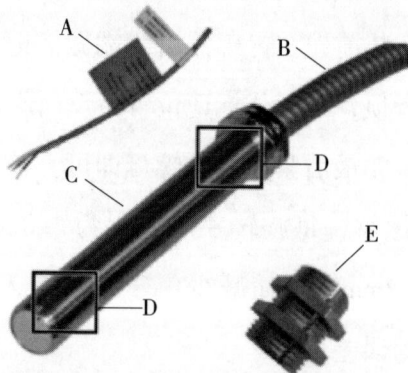

图 7-2　PR9376 型传感器外观图

A—标签；B—线缆；C—外壳；D—探头；E—安装螺母

7.1.2　转速、零转速、键相、正反转测量的软件合理配置

转速、零转速、键相、正反转测量回路的组态软件设置因 TSI 系统品牌而异，主要包括以下关键选项：

（1）设置转速测量范围，主机系统测点通常为 4000r/min 或 5000r/min，汽动给水泵则可设为 8000r/min。

（2）指定测速齿盘的齿数，不同机组和制造商可能导致齿数不同，如 1（键相）、60、88、134 齿等。

（3）启用峰值保持功能以记录通道达到的最高转速值，该值在未复位前将持续保持，提供超速事件后的精确查询。

（4）调整上下触发门槛电平，以适应不同转速传感器输出的变化，以及应对顶轴油压波动或测速齿盘轴心轨迹偏移等因素，确保转速输出的稳定性。

注：DEH（MEH）系统的 PI 卡参数组态通过 DEH 组态软件实现，其内部电路对转速传感器脉冲信号的处理与 TSI 转速测量模块相似，但 DEH（MEH）直接引用 PI 卡的转速输出结果，无需额外提供报警或危险接点输出。对于机头转速表的组态，目前主要有两种方式：一种是触摸按键式，多为国产；另一种是软件编程式，多为进口。

7.2　转子轴向位移（置）传感器安装方法

目前普遍使用的轴位移传感器量程为 ±2.0mm，灵敏度约为 4V/mm，如艾默生 PR6424 和本特利 11mm 传感器。轴位移的测量输出值与传感器输出的直流电压变化值直接相关，计算公式：

轴位移输出＝（前置器输出的直流电压±零点定位电压）／传感器
灵敏度。

考虑到轴位移测量分为正负两个方向，且单方向最大保护动作值
不超过 1.65mm，±2.0mm 的传感器测量范围足以满足实际需求，因
此以传感器中心点电压作为轴位移零点定位电压是最优选择。

转子轴向位移的正负方向通常是相对于推力盘的位置来定义的。
在全冷状态下，通常以转子推力盘紧贴推力瓦为零位点。轴向位移的
方向定义如下：当转子从推力轴承向发电机方向移动时，轴向位移为
正值；当转子从推力轴承向汽轮机前轴承箱方向移动时，轴向位移为
负值。胀差的零位则将转子的推力盘向工作面瓦块推足时定为零位。

7.3　转子相对振动

7.3.1　转子相对振动传感器安装方法

转子相对振动即轴振，传感器直径通常为 8mm 或 10mm，其测量
范围普遍为：<1000μm（p-p）。传感器的中心点电压一般为-10V 或
-12V。轴振的特征值以振动位移（μm）表示，现场设置的振动位移
量程不超过 750μm，常规报警值设定为 125μm，而跳闸阈值为
254μm。涡流传感器特性曲线显示中间段线性最佳，因此轴振传感器
冷态安装定位时的前置器电压范围理论上可以很宽。

轴振信号的产生过程涉及机组冷态时设定的"轴振零点"电压，
该电压作为轴振交流信号的偏置电压。转子运转时，传感器与转子轴
颈间的间隙变化导致传感器输出的间隙电压变动，进而产生了交流电

压信号（见图7-3），通过换算即得到振动信号。振动信号在电信号上表现为信号的交流量，所以测量模块仅处理交流信号，直流信号即间隙电压，仅表述为传感器的安装位置，间隙电压的大小不影响振动的测量值。

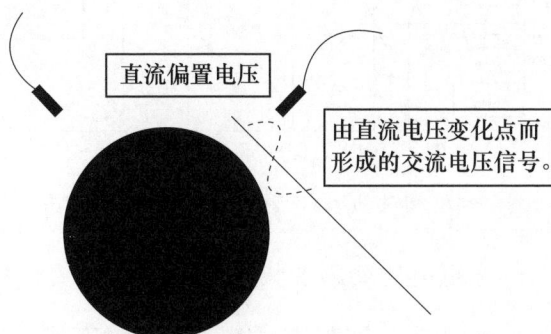

图7-3　相对轴振交流信号产生示意图

常用的轴振传感器灵敏度通常为 8V/mm，假设测量范围为500μm（峰-峰值）的，则输出电压变化范围为4V。因此，传感器中心点电压上下偏移±2V 即可覆盖整个监视器量程，只要不超出传感器输出特性曲线的线性范围即可满足测量要求。理论上，零点电压可在 −4~−16V 或−6~−18V 范围内任选，以适应不同的测量链路需求。

从图7-4 中可以发现，传感器零点电压的调整会改变振动位移量的指示方向：零点电压提升，位移量向+1.0mm 方向偏移；零点电压降低，位移量则向−1.0mm 方向偏移。测量范围的极限（±1.0mm）即设定振动位移量的极限。若测量模块监测到传感器安装位置可能超出测量范围，则会发出"回路故障信号"，此时模块前板的"OK"指示灯将显示异常。

在转子与下瓦间形成油膜后，由于传感器在中心点附近线性度最

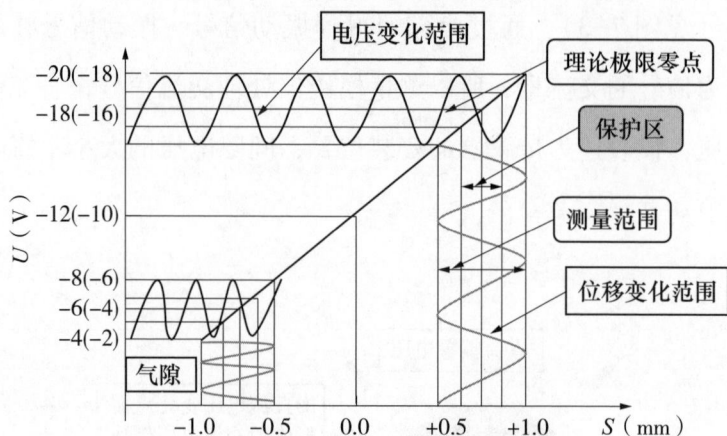

图 7-4　相对轴振零点电压定位范围示意图

佳，转子静态时的零点电压会因油膜厚度而降低。要计算支撑瓦形成的油膜厚度，可使用公式：油膜厚度＝（转子静态零点电压－转子动态前置器直流电压）/传感器灵敏度。

例如，若某测点冷态定位电压为 11.35V，运行中实测电压为 10.42V，且传感器灵敏度为 7.87V/mm，则可计算出油膜厚度。那么，该测点处油膜的厚度 ≈（11.35 － 10.42）/7.87 = 0.93/7.87 = 0.1182（mm），即油膜厚度约为 0.12mm，这是经理论计算结果，其误差可以达到 0.1μm 级。机务专业目前尚无手段直接测量油膜厚度。尽管这些信息看似与 TSI 系统无直接关联，但在诊断振动异常时，了解各瓦油膜厚度的均衡性对于推断油膜涡动现象至关重要。因此，建议在轴振传感器安装定位时，将前置器中点电压提高 1~2V，以兼顾轴振测量和传感器线性度。

7.3.2　转子相对振动测量的软件合理配置

目前，对于运行参数组态的合理性尚无明确的标准可循。争议主要集中在报警迟滞百分比、动作延时秒数、动作形式（保持或不保持）以及拾振带宽等方面。

报警迟滞百分比（%）：这是为运行人员提供的监盘设置警示功能，意味着运行参数进入危险区，需注意监视。其特点是"下行有效"，即当运行参数达到报警值时，测量模块即发出报警信号，但报警信号需要等到运行参数下降至低于报警值与测量量程乘以迟滞百分比之差时（报警值−测量量程×报警迟滞）才会自动解除。例如，若轴振测量范围为 500μm，报警值为 125μm，并设置 5% 的报警迟滞，则报警信号须在振动值降至 100μm 时才会消失。运行人员可能对此有疑惑或不满，应提供合理说明或考虑取消此设置。

动作延时秒数（s）：动作延时是基于振动的渐进变化特性和防止瞬时干扰的考虑进行设置的参数，动作延时的含义是只有在测量参数在设定的延迟时间内持续保持在报警值以上时，才会触发报警信号，瞬间的振动值即使远超报警值也不会触发报警。例如，若某轴振测点设定了 3s 的报警延迟，若振动值在 1s 时达到报警状态但在 2s 后降至报警值以下，则不会发出报警信号，以此区分瞬时干扰和真正的报警事件。

动作形式（保持或不保持）：即 TSI 卡输出的接点形式，若设置为"保持"，报警信号触发后接点将持续，直至人工复位。考虑到 TSI 保护逻辑的复杂性，未及时复位的报警接点可能导致误保护动作，因此建议动作形式设置为"不保持"。

拾振带宽：即设定振动信号的处理频率范围，通常对测量结果影响不大。然而，若振动信号频谱中存在明确的高次谐波且对输出显示值或报警设定值造成明显影响，在硬件回路无法及时解决问题时，可

71

临时通过修改拾振带宽以"过滤"掉不需要的振动成分。

相对振动测量的是通频带的振动幅值，上/下截止频率的设置原则：上限设置频率通常为基频的 10 倍频，下限设置频率通常为基频的 1/10 倍频，例如：基频为 50Hz（3000r/min），设置的上/下截止频率分别为 500Hz 和 5Hz。

7.4　转子相对膨胀量（胀差）传感器安装方法

转子相对膨胀量即胀差，其传感器安装定位相对复杂，主要包括单通道测量，采用一套传感器进行胀差参数的测量，包括采用一套涡流传感器或一套 LVDT 传感器；双通道组合测量，即采用二套传感器进行胀差参数测量，包括补偿式（串联）、单斜面式（单锥面）及双斜面式（双锥面）三种方式。

（1）单通道测量：在单只胀差传感器测量中，零点定位需考虑传感器中心点迁移和测量方向。传感器默认的正方向为被测面远离传感器测量表面，即前置器输出电压绝对值越大，表示传感器与被测物体表面距离越远。若传感器测量方向与转子膨胀方向一致，则在测量模块中选择"远离为正"或不禁用"反向测量"选项。零点迁移量需根据传感器的固有测量范围、实际所需测量范围、传感器灵敏度以及迁移方向等多个因素才能确定。

通过图 7-5 来解释这个问题。

（2）串联测量方式和锥面测量方式：串联测量方式和锥面测量方式是应对单只胀差传感器量程不足而采取的"迫不得已"的措施。随着机组装机容量的增加，考虑到转子与缸体膨胀设计参数、转子加工图中举例的传感器量程：±10mm，测量链路电压范围：-4~-20V，则传感器灵敏度=-16V/20mm=-0.8V/mm。如果传感器按照对称测量使用，零点在中心点，则传感器的零点电压为-12V。

```
-10          -5           0          +5          +10
```

如果胀差测量量程设计为-3~+17mm，并且胀差测量正方向与传感器定义的正方向一致，那么，胀差测量的零点就需要向传感器的负方向迁移7mm，电压迁移7mm×0.8V/mm=5.6V，形成下面的图例。

```
-3      0      +2           +7           +12          +17
```

同样的例子，如果胀差测量方向与传感器定义的测量方向相反，即远离为负，靠近为正，那么，胀差测量的零点就需要向传感器的正方向迁移7mm，电压迁移7mm×0.8V/mm=5.6V，形成下面的图例。

```
+17          +12           +7           +2      0      -3
```

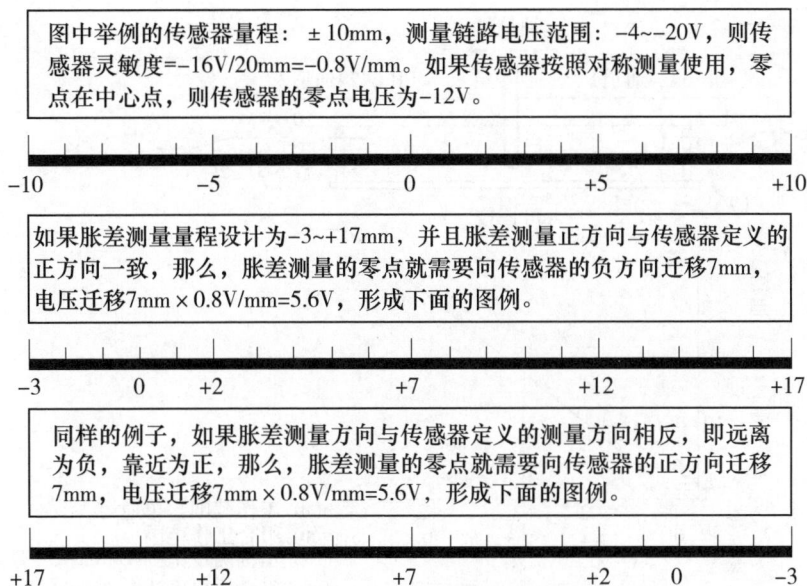

图 7-5　胀差传感器零点迁移示意图

精度以及现有涡流传感器的量程限制，这两种方法已成为常见做法。串联测量通过两支传感器"接力"覆盖所需量程，或利用两传感器量程之和来实现测量。安装时，需确保两传感器定位电压"无缝衔接"，避免运行参数显示中断。在串联布置中，由于传感器面对面安装，无论胀差方向如何，总有一支传感器显示"远离为正"，另一支则为"靠近为正"。有关两支传感器的定位，请参考图 7-6。

注意：在串联测量方式下，胀差的测量范围不能大于两支传感器量程之和。胀差测量范围可以定义为 $0 \sim X$mm，也可以定义为$-X \sim 0 \sim +X$mm。如果需要进行"零点迁移"，必须在组态中输入"参考点"信息。

锥面测量方式是在转子加工时在胀差测点处加工成一个角度（目前常见为 8°，也有其他角度），以便使较小量程的传感器获得较大的

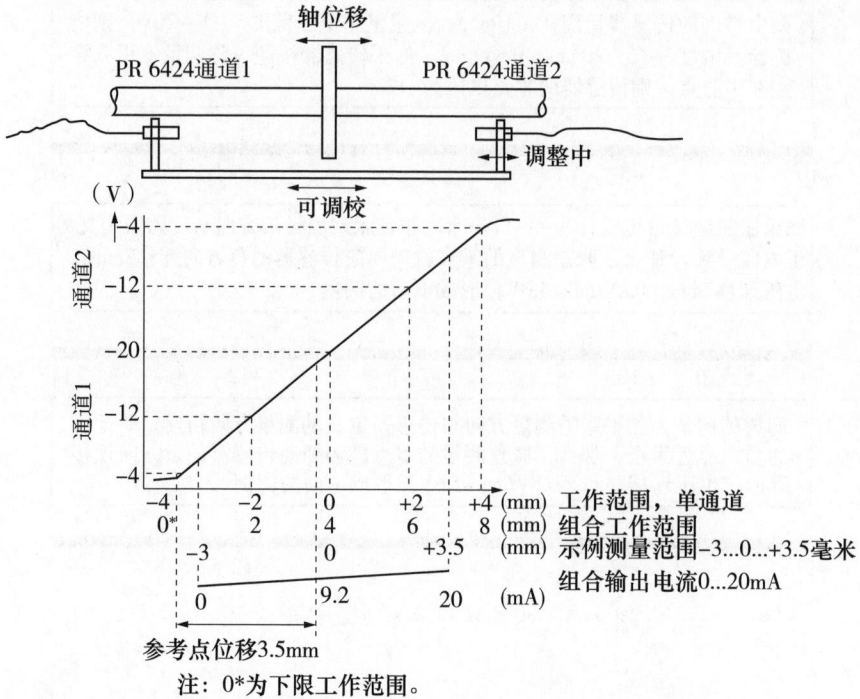

图 7-6　胀差串联测量方式传感器布置示意图

测量范围。例如，轴位移传感器的量程为 4mm，当遇到 sin8° 锥面时，其测量范围：

$$S = 4mm / \sin 8° = 28.74mm$$

如果 α 角度为 15°，则

$$S = 4mm / \sin 15° = 15.46mm$$

下面的示例图（见图 7-7、图 7-8），展示了一种采用 4mm 量程传感器的锥面测量方式，通过在转子测量面上加工成 15° 的单锥面，在不改变传感器线性范围的情况下，采用机械的方式，利用三角函数的原理，扩展了测量范围从 4mm 扩大到约 16mm。

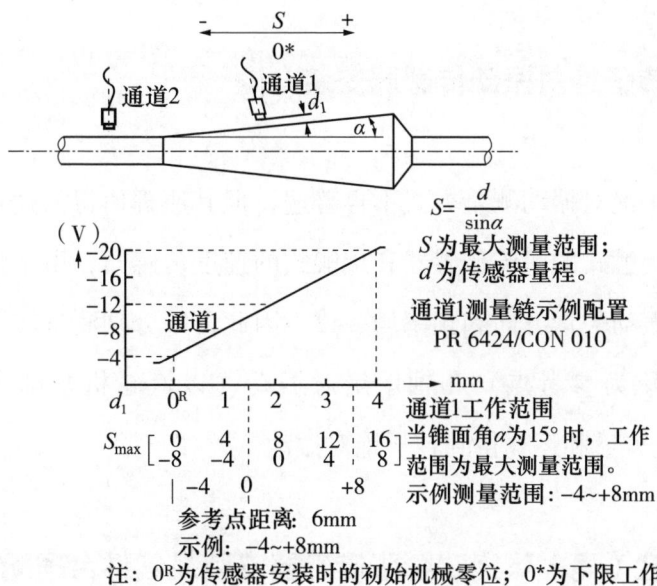

$$S=\frac{d}{\sin\alpha}$$

S 为最大测量范围；
d 为传感器量程。

通道1测量链示例配置
PR 6424/CON 010

通道1工作范围
当锥面角 α 为15°时，工作
范围为最大测量范围。
示例测量范围：-4~+8mm

参考点距离：6mm
示例：-4~+8mm

注：0^R 为传感器安装时的初始机械零位；0^* 为下限工作范围。

图 7-7 单锥面胀差测量传感器布置示意图

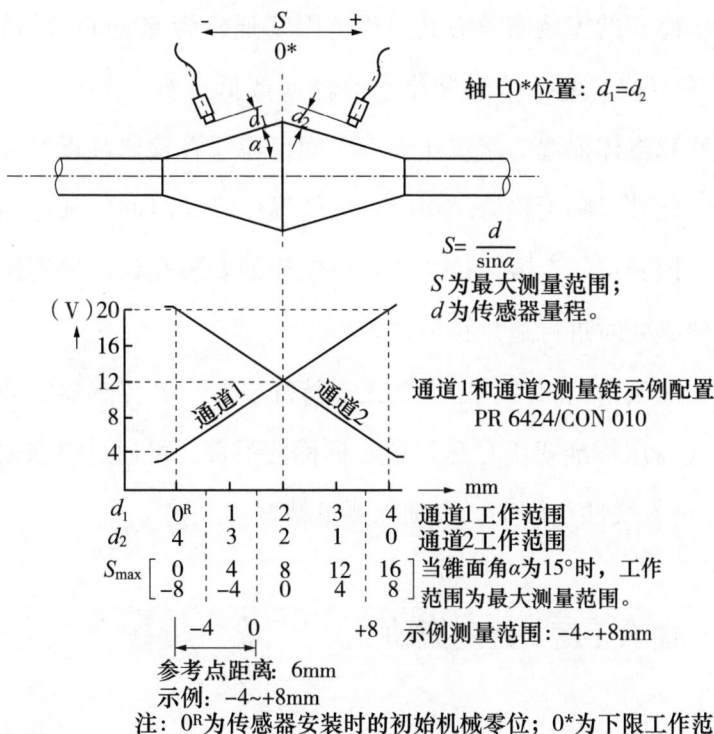

轴上 0^* 位置：$d_1=d_2$

$$S=\frac{d}{\sin\alpha}$$

S 为最大测量范围；
d 为传感器量程。

通道1和通道2测量链示例配置
PR 6424/CON 010

通道1工作范围
通道2工作范围
当锥面角 α 为15°时，工作
范围为最大测量范围。
示例测量范围：-4~+8mm

参考点距离：6mm
示例：-4~+8mm

注：0^R 为传感器安装时的初始机械零位；0^* 为下限工作范围。

图 7-8 双锥面胀差测量传感器布置示意图

7.5　转子绝对振动传感器安装方法

尽管转子绝对振动测量方式不再普遍，但其原理值得简述：该方式结合了非接触式的涡流传感器和接触式的速度传感器，由于传感器共架安装，振动矢量方向和频率均一致，因此可以分别测量转子相对振动（以轴承为参考点）和轴承绝对振动（以汽轮机基础为参考点），并通过矢量和运算得到转子绝对振动。

7.6　缸（壳）体绝对膨胀传感器安装及软件合理配置

缸胀传感器的安装需考虑其量程范围（通常为50mm）以及"零点"的精确定位。鉴于传感器位于前箱（或低压缸）外壁，该区域为机务检修和缸体保温等繁忙作业工作面，建议在检修临近结束时再进行安装。此外，临近检修结束时，缸体温度经长时间冷却已经接近环境温度，回缩空间有限。传感器定位螺栓的安装孔建议采用椭圆孔设计，以便必要时进行适量移位调整。

在缸胀测量中，软件组态通常无需特殊设置。若传感器安装后的现场校验（可用标准塞块）显示值与标称值不符，可通过组态软件或DEH/DCS进行线性化修正，以确保测量精度。

7.7　轴承（盖）绝对振动

瓦振传感器通常安装在轴承盖上，其安装过程简便，只需将配套的安装螺栓拧入瓦盖的螺钉孔并适当拧紧。软件设置无特别之处,关键是要确保传感器测量方向与实际使用方向一致,因为这直接关系到测量线圈的运动方向、感应输出电压的成分,以及是否需要为传感器提供"提升"电流。

7.8　转子偏心传感器安装及软件合理配置

7.8.1　传感器安装

偏心传感器的安装和定位方法与相对轴振传感器相同,而键相传感器的安装和定位与转速/零转速传感器相同。偏心测点主要用于评估转子在低转速下的弯曲程度,因此对键相传感器的最低测量转速有特定要求,通常磁阻传感器不适用,而涡流传感器是常用的选择。

7.8.2　软件合理配置

偏心软件的设置并无特殊之处,唯一需要注意的是,某些机组在转速达到"认为不需要监视偏心"的转速时,测量模块会将偏心的输出值"封锁",显示值"归0"(见图7-9)。偏心测量方式:国内普遍采用的是Spp;测量范围:根据热工测点(TSI部分)设计的量程输入;额定速度,公差选项:选择当转速达到额定速度+公差时,偏心显示的输出为0,例如,额定速度选择为600r/min,公差选择为50r/min,当转速达到600r/min+50r/min=650r/min时,偏心的输出归"0"。

图 7-9　艾默生 TSI 偏心输出信号"回 0"的转速设置示意图

Bently3500 系统的组态选项中也有类似设置，如图 7-10 所示。

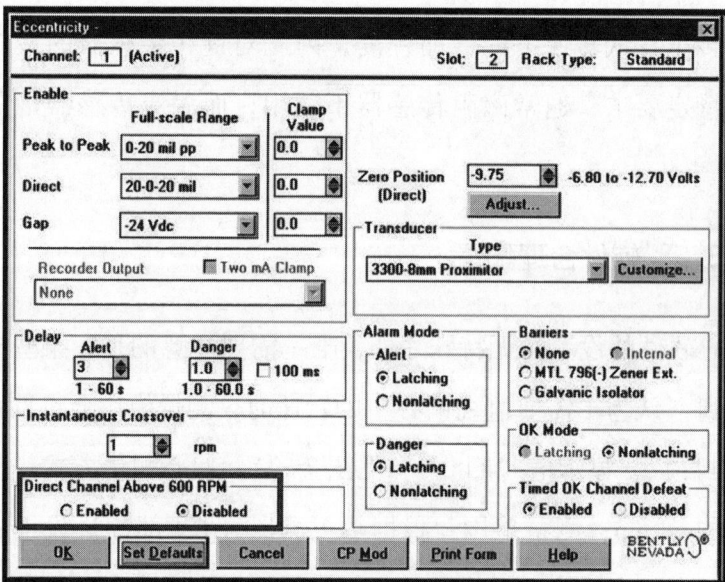

图 7-10　本特利 TSI 偏心组态选项示意图

7.9　动态温度传感器安装方法

7.9.1　热电偶传感器布置位置

（1）保护管式热电偶：将热电偶的测量端置于保护管内，插入蒸汽管道或汽轮机腔内。保护管材料应具有耐高温、耐腐蚀的特性。

（2）表面贴附式热电偶：将热电偶直接粘贴在管道或机壳表面，测量表面温度。

（3）穿墙式热电偶：将热电偶穿透管道壁，测量管内蒸汽温度。

（4）热电阻传感器布置与热电偶类似。

7.9.2　传感器布置需要考虑的要点

（1）覆盖关键区域：传感器应布置在汽轮机内部的关键部位，如蒸汽入口、蒸汽出口、过热器、再热器等，以确保温度数据的代表性和准确性。

（2）避免热损失和干扰：传感器应尽可能放置在热量损失最小的位置，并远离可能引起电磁干扰的设备。

（3）易于维护和更换：传感器的位置应便于定期维护和紧急情况下的快速更换。

（4）保护措施：传感器应配备适当的保护装置，以防止机械损伤或腐蚀。

7.10　动态压力传感器安装方法

动态压力传感器的安装方法直接影响测量数据的准确性，在安装过程中，应仔细选择传感器型号，选择合适的安装位置，并采取必要的防护措施。定期校准和维护传感器，可以延长传感器使用寿命，提高测量精度。

7.10.1　常见的安装方式

（1）直接接触式安装：传感器与被测介质直接接触，测量精度高。

（2）间接接触式安装：传感器通过隔膜或波纹管与被测介质隔离。

（3）嵌入式安装：传感器嵌入到管道壁或设备本体中。

7.10.2　安装注意事项

（1）传感器选型：根据被测介质的特性（温度、压力范围、腐蚀性等）、测量精度要求选择合适的传感器。

（2）安装位置：避免安装在振动、冲击、温度变化剧烈的位置；避免安装在管道弯曲处或阀门附近。

（3）密封：密封要可靠，防止泄漏，影响测量精度。

（4）接地：传感器和信号线应良好接地，减少电磁干扰。

（5）校准：安装完成后，应进行校准，确保测量数据的准确性。

（6）信号线保护：信号线应避免与高温、高压、强磁场等接触。

（7）防护措施：根据安装环境，采取相应的防护措施，如防振、防水、防尘等。

7.10.3　安装前需要做的准备工作

（1）检查传感器规格和环境要求：在安装前，应仔细阅读传感器的技术规格书，了解其工作原理、量程、精度、输出信号类型以及工作温度和湿度范围。确保安装环境符合传感器的要求，避免超出其工作范围。

（2）清洁和检查传感器元件：检查传感器的所有元件，包括膜片、连接线和外壳，确保它们没有损坏或污染。必要时进行清洁，以去除灰尘、油污或其他杂质，这些杂质可能影响传感器的性能。

（3）校准传感器：如果传感器需要校准，应在安装前进行。校准可以确保传感器的读数准确无误，特别是在高精度要求的应用场合。

（4）安装前的模拟测试：在实际安装之前，可以在类似的工作条件下进行模拟测试，以检验传感器的响应时间、稳定性和抗干扰能力。

（5）确认安装位置和固定方式：选择适当的安装位置，确保传感器能够正确地感应到待测介质的压力。同时，确定合适的固定方式，以防传感器在工作过程中移位或脱落。

（6）连接和配置：根据传感器的输出信号类型，准备相应的接线和配置仪器。确保电气连接正确无误，避免接触不良或短路。

7.10.4　安装过程

（1）准备工作：清洁安装表面，检查传感器是否完好。

（2）固定传感器：根据传感器型号和安装方式，选择合适的固定方式，如螺纹连接、焊接、粘接等。

（3）连接信号线：按说明书要求连接信号线，注意极性。

（4）密封：对连接处进行密封，防止泄漏。

（5）校准：使用标准压力源进行校准。

第 **8** 章　各测量回路的正确性评价

8.1　转速、零转速、键相、正反转

转速测量回路是 TSI 系统中的关键组成部分，其测量准确性直接影响到对设备运行状态的判断和故障诊断。因此，对该回路进行正确性评价是确保系统可靠运行的重要环节。

8.1.1　正确性评价方法

（1）静态校验：检查传感器和测量电路是否在静态条件下准确无误，包括零点校准和增益调整。

（2）动态响应测试：模拟不同的运行条件，观察转速测量回路的响应时间和精度，确保在动态变化中能够准确跟踪。

（3）信号质量评估：分析传感器信号的噪声水平和干扰情况，确保信号的纯净度符合要求。

8.1.2　静态校验流程的步骤

（1）准备标准转速信号：使用已知精度的转速发生装置产生一个稳定的参考信号，这个信号将作为校验传感器和测量电路准确性的基准。

（2）安装转速传感器：将转速传感器安装在汽轮机的适当位置，确保传感器能够准确捕捉到机械的旋转速度。

（3）连接测量电路：将转速传感器的输出信号连接到监测系统的测量电路，确保所有的电气连接正确无误，无干扰。

（4）系统初始化：开启监测系统，进行必要的初始设置，包括参数调整和系统自检。

（5）数据采集：在静态条件下，记录传感器输出的转速数据以及测量电路的反馈信号。

（6）数据分析：对比传感器读数与标准转速信号，计算误差值。误差分析应包括系统噪声、线性度、重复性和稳定性等指标。

（7）调整优化：根据校验结果，对监测系统进行必要的调整，以减小误差，提高测量准确性。

（8）复验：完成调整后，进行再次校验，确保所有改进措施有效，系统达到满意的测量性能。

8.1.3 动态响应测试步骤

（1）设置测试环境：确保转速测量回路的所有组件均已正确安装，并且系统处于正常工作状态。

（2）施加已知输入：启动机械设备，并逐渐提高转速至预定的测试水平。

（3）数据采集：使用数据采集系统记录转速传感器的输出信号，以及信号处理单元的响应。确保采样率足够高，以捕捉信号的动态变化。

（4）记录响应数据：在整个测试过程中，持续记录转速传感器的脉冲信号和信号处理单元的输出。特别注意记录起始响应、稳定状态以及任何延迟或波动。

（5）分析响应特性：使用数据分析工具分析转速测量回路的动态响应特性，计算响应时间、超调量和调节时间等关键参数。

（6）评估系统性能：根据收集到的数据和分析结果，评估转速测量回路的动态性能是否满足设计规范和运行要求。检查是否存在延迟、噪声或非线性行为等问题。

（7）调整和优化：如果测试结果显示系统性能不足或存在问题，进行必要的调整，如重新校准传感器、优化信号处理算法或改善机械设备的稳定性。

（8）重复测试：在进行调整后，重复动态响应测试步骤，以验证改进措施的有效性。

（9）记录和报告：最后，整理测试数据和分析结果，形成详细的测试报告，包括测试条件、测试过程、结果分析和建议的改进措施。

8.1.4 信号质量评估步骤

（1）定义评估标准：确定评估信号质量的关键参数，包括信噪比（SNR）、失真度、频率响应等。

（2）数据采集：使用适当的数据采集设备记录转速传感器的原始信号。确保采集设备具有足够的带宽和分辨率，以准确捕获信号特征。

（3）噪声和干扰分析：分析信号中的噪声成分，识别可能影响信号质量的干扰源。这可能涉及滤波器设计和噪声水平的量化。

（4）信号处理：对采集到的信号进行预处理，如滤波、放大和数字化，以准备进一步的分析。

（5）指标计算：计算上述定义的信号质量评估指标，从而评估频率响应和失真度。

（6）结果分析：评估计算出的指标，判断信号是否满足预设的质量标准。分析可能导致信号质量下降的因素。

（7）记录和报告：记录评估过程和结果，编制详细的报告，包括评估标准、测量值、分析结果和推荐的优化措施。

8.2 转子轴向位移（置）

转子轴向位移是反映汽轮机运行状态的重要参数之一，其异常变化可能预示着推力轴承磨损、平衡管堵塞、平衡盘密封失效等问题。因此，对转子轴向位移测量回路的正确性评价是保障设备安全可靠运行的关键。

（1）静态校准。

目的：验证传感器输出信号与位移之间的对应关系。

方法：在机械未运行的情况下，对传感器进行零点校准，确保测量系统在无位移时读数为零；使用百分表等精密测量工具，对转子施加已知位移；录传感器输出信号，绘制标定曲线；分析标定曲线的线性度、重复性等。

（2）动态校准。

目的：验证传感器在动态工况下的测量性能。

方法：启动机械设备，逐步增加负载至正常工作水平，观察传感器输出是否稳定，无异常波动。

记录在不同工况下的传感器响应时间和数据更新频率，确保系统响应及时。

（3）数据分析与比对。

目的：分析轴向位移测量回路的精确度与准确性。

方法：将测量数据与理论值或历史数据进行对比分析，评估数据的准确性；使用统计工具计算测量数据的误差范围和不确定度，评估系统的精度。

8.3 转子相对振动

对 TSI 系统中转子径向振动测量回路进行正确性评价，可以按照以下步骤进行：

（1）确认传感器安装是否符合要求。

1）检查传感器安装位置：确保传感器安装对准了测振带，间隙电压在 $-9 \sim -12V$ 之间。

2）检查传感器固定情况：确保传感器固定牢固，无松动现象。

（2）传感器输出信号检查。

1）检查传感器输出电压信号：在静态条件下，观察传感器输出电压信号是否稳定，波动范围是否在正常范围内。

2）检查传感器输出信号范围：确保传感器输出电压信号在规定范围内，以满足后续 TSI 测量模块的需求。

（3）TSI 测量模块性能评价。

1）检查模块输出电流信号：观察 TSI 测量模块输出 $4 \sim 20mA$ 的电流信号是否稳定，波动范围是否在正常范围内。

2）检查模块线性度：通过输入不同电压信号，检查模块输出电流信号的线性度，确保线性度误差在规定范围内。

3）检查模块响应时间：模拟转子振动变化，观察模块输出信号的响应时间，确保响应时间满足系统要求。

（4）信号传输及系统处理评价。

1）检查信号传输线路：确保信号传输线路无破损、短路、接触不良等现象。

2）检查 DCS 系统接收信号：观察 DCS 系统是否能够正确接收和处理 TSI 系统传输的振动信号。

3）分析系统处理结果：对比实际振动情况与系统处理结果，评估系统处理精度和可靠性。

（5）系统整体性能评价。

1）进行振动试验：在转子不同转速和负荷下，进行振动试验，观察 TSI 系统对转子径向振动的监测效果。

2）长期运行观察：在设备正常运行过程中，持续观察 TSI 系统的稳定性和可靠性。

通过以上步骤，可以对 TSI 系统中转子径向振动的测量回路进行正确性评价。若发现存在问题，应及时排查原因并进行整改，确保系统正常运行。

8.4　转子相对膨胀

对 TSI 系统中转子相对膨胀（胀差）的测量回路进行正确性评价，可以按照以下步骤进行：

（1）检查传感器安装和配置。

1）电涡流探头安装检查：确认电涡流探头安装位置是否正确，是否牢固，检查探头与被测物体之间的初始间隙是否符合要求。

2）LVDT 传感器安装检查：确认 LVDT 传感器安装位置正确，固定稳定，且其感应线圈与铁芯的相对位置关系正确。

（2）传感器输出信号检查。

1）电涡流探头信号检查：在静态条件下，检查电涡流探头的输出信号是否稳定，是否有杂波，信号范围是否在预期之内。

2）LVDT 传感器信号检查：检查 LVDT 传感器的输出电压信号是否稳定，线性度是否良好，信号范围是否在预期之内。

（3）测量回路性能测试。

1）信号传输线路检查：检查信号传输线路是否有损坏，接触是否良好，屏蔽是否有效，以防止信号干扰。

2）测量模块功能测试：检查 TSI 测量模块是否能够正确接收传感器信号，并将其转换为胀差量，输出信号是否稳定。

（4）系统整体性能评价。重复性和稳定性测试：多次测量同一胀差值，评估系统的重复性和稳定性。

（5）数据和误差分析。

1）数据分析：收集测量数据，进行统计分析，检查测量结果的准确性和重复性。

2）误差分析：分析测量误差的来源，包括传感器误差、信号传输误差、环境因素影响等。

（6）持续监测、维护和校验。

1）持续监测：在设备正常运行期间，持续监测 TSI 系统的性能，确保长期稳定可靠。

2）维护和校验：定期对测量回路进行维护和校验，确保系统始终处于最佳工作状态。

通过上述步骤，可以对 TSI 系统中转子相对膨胀的测量回路进行全面的正确性评价。如果发现任何问题，应立即进行排查和修正，以保证监测系统的准确性和可靠性。

8.5 缸（壳）体绝对膨胀

缸（壳）体绝对膨胀的测量回路有两种形式：一种是将 LVDT 传感器的输出接入配套的数字显示表，其中一次线圈电压由显示表提供，二次线圈输出经处理后以数字形式显示膨胀量，这种方式多见于国产设备；另一种是将 LVDT 传感器（交流或直流传感器介入）的输出接入 TSI 测量模块，交流 LVDT 的一次线圈电压由测量模块提供，二次线圈的输出电压经模块处理后以 4～20mA 电流形式输出至 DEH 或 DCS 系统，最终在工程师站监视画面上显示缸体绝对膨胀量，而直流 LVDT 则直接将输出电压送至 TSI 测量模块处理。

（1）对缸体绝对膨胀的测量回路进行正确性评价，可以按照以下步骤进行：

1）传感器布置与安装。

a. 位置准确性：LVDT 是否安装在设计好的位置，确保测量的是目标膨胀量。

b. 固定牢固性：LVDT 是否固定牢固，避免在运行过程中松动，影响测量精度。

c. 干扰源：LVDT 周围是否存在磁场、振动等干扰源，尤其是交流 LVDT，对磁场干扰较为敏感。

2）信号采集与处理。

a. 信号质量：检查采集到的信号是否稳定，是否存在噪声干扰？可以使用示波器等仪器观察信号波形。

b. 标定：检查 LVDT 是否经过准确的标定？标定曲线是否与实际测量值吻合？

c. 数据传输：检查从 LVDT 到显示表或 TSI 测量模块的信号传输过程中是否存在数据丢失或畸变？

3）系统校准。

a. 静态校准：使用标准位移块等进行校准，验证 LVDT 的输出电压与位移之间的线性关系。

b. 动态校准：可以使用模拟膨胀变化的装置（比如热膨胀模拟器或者电动位移台），对系统进行动态校准，验证系统的测量精度。

4）运行监测。

a. 长期监测：通过长期监测缸体的膨胀，观察测量数据的稳定性和可靠性。

b. 异常判断：设置合理的报警阈值，及时发现异常情况。

（2）评价指标。

1）测量精度：测量结果与实际值之间的偏差。

2）重复性：重复测量同一位置同样的温度时，测量结果的一致性。

3）线性度：LVDT 输出与温度变化之间的线性关系。

4）稳定性：系统在长时间运行过程中的稳定性。

（3）针对两种不同方式的评价。

1）LVDT 与数字显示表结合：主要关注显示表的精度和稳定性，以及显示表的标定是否准确。

2）LVDT 与 TSI 测量模块结合：主要关注 TSI 测量模块的转换精度和信号处理能力，以及整个信号链路的稳定性。

总之，对 TSI 系统中缸体绝对膨胀测量回路的正确性评价，需要综合考虑传感器类型、安装环境、信号处理、系统校准等多个因素。无论是与数字显示表结合还是与 TSI 测量模块结合，都需要进行全面的校准和验证。

8.6 轴承（盖）绝对振动

轴承（盖）绝对振动测量回路的正确性评价步骤：

（1）静态校验：首先进行静态校验，确保传感器和测量模块的零点设置正确，无系统误差。这通常涉及检查传感器在无振动输入时的输出是否为零，以及测量模块的读数是否准确。

（2）动态响应测试：接下来进行动态响应测试，模拟轴承在正常运行状态下的振动情况。可以通过人工或机械方式对轴承施加已知频率和幅度的振动，并记录传感器的响应。通过对比实际输入和测量输出，评估系统的线性度和频率响应特性。

（3）噪声水平评估：评估系统的噪声水平，确保在无振动输入时，测量系统自身产生的噪声不会影响测量结果。这通常通过长时间记录传感器输出来完成，分析噪声谱密度。

（4）稳定性和重复性检验：检验系统的稳定性和重复性，通过多次测量同一振动水平，检查测量值的一致性。这有助于确认系统的可靠性和抗干扰能力。

（5）校准和调整：根据上述测试结果，对传感器和测量模块进行必要的校准和调整，以确保测量精度满足设计要求。

（6）综合性能评估：最后，进行综合性能评估，结合所有测试数据，评估整个测量回路的性能，包括灵敏度、分辨率、精度和响应时间。

总之，对 TSI 系统中轴承（盖）绝对振动测量回路的正确性评价，需要综合考虑传感器类型、安装环境、信号处理、系统校准等多个因素。通过上述方法和指标，可以对系统的测量精度和可靠性进行全面评估。

8.7 转子偏心

对 TSI 系统中的偏心测量回路进行正确性评价，可以通过以下步骤进行：

（1）数据采集与校准：确保偏心测量系统的传感器已正确安装，并与被测旋转部件对齐。进行系统校准，以确保测量数据的准确性。

（2）静态测试：可以使用已知偏心的标准件进行校准，验证测量系统的线性度和准确性。

（3）动态测试：可以使用实验台等设备模拟不同转速和偏心量的工况，验证系统的动态响应特性，评估测量的准确性和重复性。

（4）系统响应时间：评估偏心测量系统对偏心变化的响应时间，确保系统能够及时捕捉到偏心的动态变化。

（5）噪声和干扰分析：分析系统在运行过程中可能遇到的噪声和干扰，评估这些因素对偏心测量结果的影响，并采取相应的滤波或隔离措施。

（6）系统稳定性和可靠性：长时间运行监测系统，检查系统的稳定性和可靠性，确保在连续运行中偏心测量数据的一致性。

8.8 动态温度

对 TSI 系统中的动态温度测量回路进行正确性评价，可以遵循以下步骤：

（1）校准传感器：确保热电偶和热电阻传感器按照制造商的指导进行了正确的校准，以提供准确的温度读数。

（2）温度场模拟：在实验室条件下，使用已知温度的热源对传感器进行测试，以验证其响应时间和测量精度。

（3）现场安装检查：检查传感器在 TSI 系统中的安装位置是否正确，确保传感器与蒸汽介质直接接触，且安装牢固，避免振动干扰。

（4）动态响应测试：在实际运行条件下，对传感器进行动态响应测试，记录在不同工况下的温度变化，评估传感器的响应速度和稳定性。

（5）数据记录与分析：使用数据采集系统记录传感器的输出数据，并进行统计分析，包括平均值、标准偏差和最大/最小偏差，以评估测量的重复性和准确性。

（6）环境因素考虑：评估环境因素（如电磁干扰、振动、压力变化等）对传感器性能的影响，并采取相应的隔离和补偿措施。

（7）长期稳定性监测：对传感器进行长期稳定性监测，确保其在长时间运行后仍能保持准确的温度测量。

8.9 动态压力

对 TSI 系统中的动态压力测量回路进行正确性评价，可以遵循以下步骤：

（1）静态校准：确保传感器在无振动和无压力变化的条件下对标准压力源进行校准，以确定其零点和灵敏度。

（2）动态响应测试：应用已知频率和幅度的动态压力信号到传感器上，检查传感器的频率响应特性，确保其在工作频率范围内的性能符合要求。

（3）噪声和干扰评估：在实际工作环境中，评估传感器和信号调理器对电磁干扰和机械振动的敏感度，确保信号的纯净度。

（4）长期稳定性监测：在长时间运行中监控传感器输出，检查其是否存在漂移或老化现象，确保长期稳定性。

（5）系统集成测试：将传感器、信号调理器、数据采集系统和监控软件集成在一起，进行全面的系统测试，包括数据的准确采集、传输、处理和显示。

（6）极限条件测试：在系统的极限工作条件下（如最大压力、最高温度等）进行测试，确保在这些条件下系统的可靠性和安全性。

（7）性能验证：通过与已知性能的参考系统或历史数据进行比较，验证被测试系统的性能指标是否达到设计要求。

第 **9** 章 | 汽轮机运行期间机械运行
参数的准确性分析

9.1 转速、零转速、键相、正反转

对 TSI 系统中的转速测量回路进行准确性分析，可以按照以下步骤进行：

（1）传感器检查与校准。

1）类型确认：确认所使用的转速传感器类型（磁阻型、电涡流型、霍尔型）是否符合测量需求。

2）安装检查：确保传感器安装正确，与测速齿盘的间隙适当，无松动。

3）校准：使用标准转速发生器对传感器进行校准，验证其输出脉冲与实际转速的一致性。

（2）信号处理单元验证。

1）信号处理：验证信号处理单元是否能够正确接收和处理传感器的脉冲信号。

2）输出稳定性：确保信号处理单元输出的转速信号稳定可靠。

（3）脉冲信号分析。

1）脉冲计数：记录一定时间内传感器产生的脉冲总数，计算转速。

2）频率分析：分析脉冲信号的频率，与理论转速进行对比。

（4）准确性分析。

1）静态测试。

a. 无旋转测试：在转子不旋转的情况下，检查传感器是否产生误脉冲。

b. 固定转速测试：在已知转速下，比较传感器输出与实际转速的偏差。

2）动态测试：

a. 阶跃响应测试：突然改变转速，检查传感器和信号处理单元的响应时间和准确性。

b. 稳态运行测试：在稳定的转速下，长时间监测传感器输出，评估其长期稳定性。

c. 重复性测试：多次测量同一转速，评估测量结果的重复性。

（5）系统整体性能评价。

1）同步性测试：确保转速传感器测量结果与测速齿盘的同步性，避免时间延迟或脉冲丢失。

2）抗干扰能力测试：在电磁干扰环境下，检查系统的抗干扰能力。

（6）数据和误差分析。

1）数据分析：收集测量数据，进行统计分析，评估系统的准确性和可靠性。

2）误差分析：识别可能的误差来源，包括传感器误差、信号处理误差、环境因素等。

（7）持续监控、维护和检查。

1）持续监测：在设备正常运行期间，持续监测系统的性能。

2）维护和检查：定期进行系统的维护和检查，确保长期稳定运行。

通过上述步骤，可以对 TSI 系统中的转速测量回路进行全面的准确性分析。如果发现任何问题，应立即进行排查和修正，以保证监测系统的准确性和可靠性。

9.2 转子轴向位移

对汽轮机运行过程中的轴向位移进行准确性分析，可以按照以下步骤进行：

（1）传感器安装检查与校准。

1）安装检查：确保传感器安装正确，与测量表面距离合适，无松动。

2）校准：使用标准轴向位移发生器对传感器进行校准，验证其输出与实际位移的一致性。

（2）信号处理单元验证。

1）信号处理：验证信号处理单元是否能够正确接收和处理传感器的信号。

2）输出稳定性：确保信号处理单元输出的轴向位移信号稳定可靠。

（3）准确性分析步骤。

1）静态测试。

a. 无位移测试：在转子不发生位移的情况下，检查传感器是否产生误信号。

b. 固定位移测试：在已知位移下，比较传感器输出与实际位移的偏差。

2）动态测试。

a. 阶跃响应测试：突然改变位移，检查测量回路的响应时间和准确性。

b. 稳态运行测试：在稳定的位移下，长时间监测输出结果，评估其稳定性。

c. 重复性测试：多次测量同一位移，评估测量结果的重复性。

（4）系统整体性能评价。

a. 同步性测试：确保轴向位移传感器测量结果与转子实际位移的同步性，避免时间延迟或信号丢失。

b. 抗干扰能力测试：在电磁干扰环境下，检查系统的抗干扰能力。

（5）数据分析。

a. 数据分析：收集测量数据，进行统计分析，评估系统的准确性和可靠性。

b. 误差分析：识别可能的误差来源，包括传感器误差、信号处理误差、环境因素等。

（6）长期监控和维护。

a. 持续监测：在设备正常运行期间，持续监测系统的性能。

b. 维护：定期进行系统的维护和检查，确保长期稳定运行。

9.3 转子相对振动

在 TSI 系统中，对转子相对振动测量回路进行准确性分析需要考虑多个方面。以下是详细的步骤和考虑因素：

（1）电涡流传感器校准：对电涡流传感器进行校准，确保其测量的准确性。校准过程中使用标准振动台或已知振动幅度的参考源。

（2）传感器安装：①确保传感器安装在设计的测振带上，位置准确，并与转子保持适当的间距；②传感器固定要牢固，避免运行过程中发生松动或位置变化。

（3）信号处理：①传感器输出的电压信号需经过信号调理电路处理，以消除噪声和干扰；②数据传输过程中应采取抗干扰措施，如屏蔽电缆、差分传输等，避免电磁干扰影响信号准确性。

（4）系统校验和测试：①定期进行系统自检，验证各部分的工作状态和参数设置是否正常；②使用已知振动信号源进行。

（5）记录和报告：①详细记录所有测量数据、测试结果，形成完整的记录；②生成详细的分析报告，包含测量方法、测试结果和分析结论。

通过以上步骤，可以对 TSI 系统中的转子相对振动测量回路进行全面的准确性分析，确保其测量结果的可靠性和准确性。

9.4 转子相对膨胀

（1）对胀差测量回路进行检查。

a. 确认所使用的电涡流探头和 LVDT 型传感器类型是否符合测量需求。

b. 确保传感器安装正确，无松动。

（2）准确性分析步骤。

1）静态测试。

a. 在转子不发生胀差的情况下，检查传感器是否产生误信号。

b. 在已知胀差下，比较传感器输出与实际胀差的偏差。

2）动态测试。

a. 突然改变胀差，检查传感器和信号处理单元的响应时间和准确性。

b. 在稳定的胀差下，长时间监测输出结果，评估其稳定性。

（3）数据分析：收集测量数据，与理论计算结果进行对比，评估数据的准确性和可靠性。

（4）持续监控、维护和检查。

1）持续监控：在设备正常运行期间，持续监测系统的性能。

2）维护和检查：定期进行系统的维护和检查，确保长期稳定运行。

（5）文档记录：记录所有测试和维护活动的详细情况。

9.5 缸（壳）体绝对膨胀

在进行 TSI 系统中缸（壳）体绝对膨胀测量回路的准确性分析时，需要考虑以下几个关键步骤：

（1）传感器校准。确保 LVDT 传感器已经过适当的校准，以保证其输出与实际膨胀量之间的线性关系。这通常涉及使用已知尺寸的标准块来调整传感器的零点和灵敏度。

（2）信号处理。检查 LVDT 传感器的信号处理电路，包括放大、滤波和线性化等步骤，确保这些处理不会引入额外的误差。对于数字显示表，还需要验证其数字转换的准确性。

（3）系统集成。对于接入 TSI 测量模块的情况，需要检查模块的输入/输出特性，确保一次线圈电压稳定，并且二次线圈的输出电压转换为 4~20mA 电流信号的过程中没有误差。

（4）环境因素。分析环境因素，如温度、振动和电磁干扰，这些因素可能会影响传感器的性能和信号的完整性。

（5）系统验证。通过与机械设计参数和历史运行数据进行比较，验证测量回路的准确性。可以通过在不同工况下进行多次测量，并计算测量值的重复性和偏差来评估。

通过上述步骤，可以全面评估缸（壳）体绝对膨胀测量回路的准确性。在实际操作中，可能还需要根据具体的系统配置和运行条件进行调整和优化。

9.6　轴承（盖）绝对振动

轴承（盖）的绝对振动测量常用磁电式振动速度传感器或压电式振动加速度传感器，对这两种传感器进行校准以确保其准确性的步骤通常包括以下几个方面：

（1）准备工作：确保传感器和校准设备处于良好的工作状态，环境条件符合要求，如温度、湿度等。

（2）静态校准：将传感器固定在校准装置上，确保无振动输入时传感器输出为零。

（3）动态校准：使用已知的振动信号作为输入，记录传感器的输出。

（4）数据分析：根据传感器输出与输入信号的关系，计算传感器的增益和相位偏移，绘制校准曲线。

（5）调整和补偿：如果传感器输出与标准信号存在偏差，进行必要的调整或在数据处理中应用补偿算法以校正这些偏差。

（6）验证校准：在校准后，进行额外的测试以验证传感器的准确性和重复性。

9.7 转子偏心

为确保偏心测量系统的准确性和可靠性，以下是对系统测试与校准的详细步骤及要求：

（1）采用已知偏心的标准件进行静态测试，通过此测试验证测量系统的准确性。

（2）利用实验台等设备模拟不同转速和偏心量的工况进行动态测试，评估系统的动态响应特性，检验测量的准确性和重复性，确保系统能够实时捕捉到偏心的动态变化。

（3）对系统进行长时间运行监测，检查系统的稳定性和可靠性，确保在连续运行中偏心测量数据的一致性。

9.8　动态温度

对动态温度测量涉及的汽轮机运行参数进行准确性分析，可以采取以下步骤：

（1）传感器选择与校准：根据测量范围和精度要求选择合适的热电偶或热电阻传感器，并进行严格的校准，以确保初始测量的准确性。

（2）安装与位置优化：将传感器安装在汽轮机的关键位置，如蒸汽入口、出口和关键部件表面，以获取代表性的温度数据。传感器的位置应避免直接受机械振动和热流的影响。

（3）动态响应分析：通过快速变化的工况测试传感器的动态响应特性，评估其在温度波动下的测量速度和稳定性。

（4）信号处理与数据分析：使用适当的信号处理技术（如滤波、放大等）来提高温度信号的质量，并通过统计分析方法评估测量数据的准确性和重复性。

（5）系统集成与验证：将传感器与数据采集系统集成，并在实际运行条件下进行长时间的监测，以验证传感器在实际应用中的性能和可靠性。

9.9　动态压力

对动态压力测量涉及的汽轮机运行参数进行准确性分析，可以采取以下步骤：

（1）使用标准压力源对传感器进行校准。

（2）向传感器施加已知频率和大小的动态压力信号，检查传感器的响应特性。

（3）在实际工作环境中，评估传感器和信号调理器对电磁干扰和机械振动的敏感度。

（4）在长时间运行过程中监控传感器的输出，检查是否存在漂移或老化现象，以验证传感器的长期稳定性。

（5）将传感器、信号调理器、数据采集系统和监控软件整合在一起，进行全面的系统测试，包括数据的准确采集、传输、处理和显示。

（6）在系统的极限工作条件（如最大压力、最高温度等）下进行测试，确保系统在这些极端条件下仍能保持可靠性和安全性。

第 **10** 章 | **各测量回路常见异常现象**
及解决方法

CHAPTER 10

10.1 转速、零转速、键相、正反转

在 TSI 系统中，转速测量回路出现异常的情况较为罕见。超速保护模块通常将动作接点输出至 ETS 或构成独立的超速停机逻辑。鉴于 DEH 的 PI 卡通道限制和电流信号传输的显示误差，转速数据很少被传送至 DEH 或 DCS 进行组态显示。监视屏幕上的转速数值一般来自 DEH 的转速测量回路，该回路利用磁阻传感器将转速脉冲传输至 DEH 的 PI 卡进行处理并显示。在低转速（例如盘车转速）情况下，由于磁阻传感器存在磁滞区，可能无法显示转速，此时需依靠 TSI 转速传感器提供相应的数据。

转速测量通道可能出现的异常现象包括转速输出不稳定和测速齿盘运行轨迹偏离转子中心。对于转速输出不稳定，应检查 TSI 回路组态软件设置参数，特别是上下限触发门槛电平，并在必要时进行调整；对于 DEH 转速回路，需检查传感器输出导线的连接，确保无松动或接触不良，并处理传感器输出引线端可能存在的断线问题。针对测速齿盘运行轨迹偏离，可在支架上安装备用传感器，或调整信号处理单元的脉冲门槛电平，以稳定输出转速并防止传感器受损。

10.2　转子轴向位移与胀差

在 TSI 系统中，轴位移和胀差测量回路都扮演着重要角色。胀差测量回路在机组运行时，可根据工况分时段临时解除保护，而轴位移测量回路则需持续保持"投保护"状态。

10.2.1　转子轴向位移与胀差显示数据不正常

在机组运行过程中，轴位移和胀差测量回路出现异常的概率相对较低。更常见的问题是运行人员发现特定工况下的轴位移或胀差参数与以往运行经验或历史数据不一致。由于传感器安装位置较为隐蔽，要分析回路的正确性，需从各个节点着手，通过收集和检查（测试）数据，构建完整的数据链，以确定显示异常的根源。轴位移/胀差测量回路的传感器信号、前置器输出的直流信号与监控画面上的运行数据之间存在直接的关联性。它们之间可用下面的关系式来表达

前置器输出电压=零点定位电压±显示值×传感器灵敏度

式中的±，代表轴位移/胀差的方向。

举例：轴位移传感器灵敏度为-4V/mm，当前显示的轴位移值为+0.52mm，零点时的定位电压为-12.00V，传感器测量方向与转子位移方向一致。则

前置器输出电压＝（-12V）+0.52mm×（-4V/mm）=-14.08V

假如测量方向相反，则

前置器输出电压＝（-12V）-0.52mm×（-4V/mm）=-9.92V

如果从前置器输出电压到 TSI 测量模块显示再到运行画面显示的

值都能环环相扣，形成完整的测量数据链路，那么可以认为整个测量回路（包括各节点）都是准确的。在确定测量回路无误后，对轴位移/胀差异常显示值的分析应考虑机务顶轴的准确度、汽轮机滑销系统的工作状态、缸温/保温以及是否抽汽供热等因素。

10.2.2　其他异常现象判别方法

（1）涡流传感器安装前初判。将传感器与延长电缆连接，并接入前置器，同时使用数字电压表监测前置器的输出电压。传感器悬空时，若前置器输出电压位于−21～−23V 范围内，则表明测量回路运作正常。若输出电压在−1～−2V 之间，则可能存在开路现象，此时应仔细检查传感器与延长电缆以及前置器接头的连接。进一步，将传感器头部对准金属物体，观察前置器输出电压随传感器与金属物体距离变化而变化，若此现象发生，则说明测量回路的基本特性符合正常标准。

传感器安装定位后，测量模块上的"通道 OK"指示灯会点亮，DCS（DEH）画面会有数值显示。由于传感器内部结构简单，一般不易损坏，而前置放大器由于内部电子元器件较多，任何一个元件损坏或性能下降都可能影响其功能。

（2）推力瓦和轴位移测量盘。轴位移测点通常安装在距离推力瓦200～300mm 的位置，其位置固定。常见的轴位移测点配置为2~4 个。需要注意三点：①推力瓦（盘）中点是轴系转子的机械"死点"，推力瓦位置决定转子膨胀方向；②轴位移测量盘必须靠近推力瓦（一般不超过300mm）；③轴位移传感器的安装方向与转子膨胀方向共同决定测量组态的"正方向测量"或"反方向测量"。图 10−1 所示为300MW 机组推力瓦及轴位移测量盘现场图片。

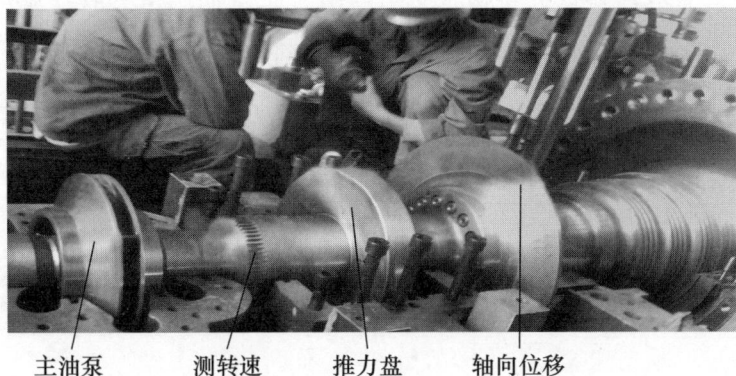

主油泵　　　测转速　　　推力盘　　　轴向位移

图 10-1　300MW 机组推力瓦及轴位移测量盘现场图片

（3）滑销系统。为保证汽轮机缸体在受热时沿设计要求的方向膨胀，每种机组都配备有相应的滑销系统。图 10-2 所示为上汽引进型 300MW 机组的滑销系统图，从中可以了解定子部件和转子的膨胀方向。

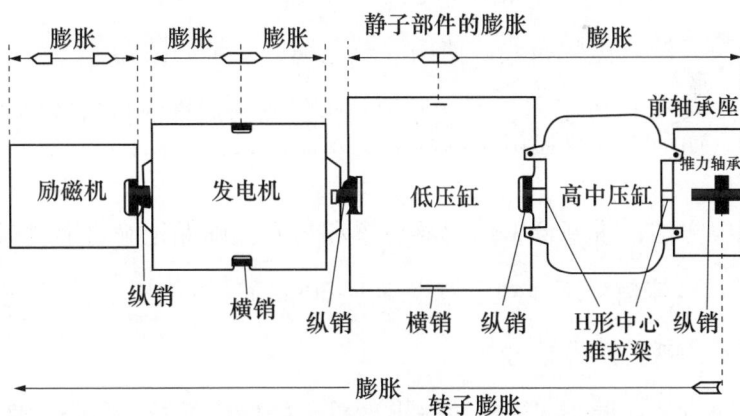

图 10-2　300MW 机组滑销系统示意图

在机组运行过程中，若运行人员发现胀差显示值较经验值显著增大，且经检测确认测量链路各节点数据彼此呼应，则应考虑滑销系统可能发生卡塞，导致缸体膨胀受阻。由于胀差输出值为转子膨胀量减去缸体膨胀量，缸体膨胀不充分将直接导致胀差值上升。同时，缸内受热面的均匀度、内外缸温差、保温效果及冷态启机暖机时间等因素，也会造成短时间内缸体膨胀受阻。

10.3　转子相对振动

10.3.1　转子相对振动测量回路常见异常现象及解决方法

（1）传感器输出不稳定，可能原因：传感器污染、损坏或信号线接触不良。

解决方法：检查传感器外观，清洁或更换传感器，检查并紧固信号线连接。

（2）信号干扰，可能原因：电磁干扰或电气噪声。

解决方法：优化布线，使用屏蔽电缆，安装滤波器。

（3）安装位置不当，可能原因：传感器未对准测振带或倾斜角度不正确。

解决方法：重新调整传感器位置和角度，确保正确对准测振带。

（4）电流信号不在规定范围（4~20mA），可能原因：TSI模块输出设置不当或传感器信号弱。

解决方法：调整TSI模块输出设置，确保传感器信号强度适中。

（5）TSI模块故障，可能原因：模块内部问题。

解决方法：检查电源和信号连接，进行维修或更换模块。

10.3.2 转子相对振动测量中减少电磁干扰对传感器输出影响的方法

（1）使用屏蔽电缆：选择合适的屏蔽电缆可以有效减少外部电磁干扰对传感器信号的影响。

（2）优化布线：确保传感器的信号线远离高压线和动力线，以减少电磁耦合。

（3）安装滤波器：在传感器的信号线路中安装低通滤波器，可以滤除高频噪声，改善信号质量。

（4）接地处理：确保传感器和测量系统有良好的接地，以减少接地环路造成的干扰。

（5）信号隔离：使用信号隔离器可以物理隔离传感器信号和控制系统，减少干扰的传播。

（6）环境控制：在控制室内采取措施减少电磁干扰，如使用电磁兼容（EMC）设计的设备和材料。

（7）定期检查：定期检查传感器和测量线路，确保没有因磨损或损坏而增加的干扰敏感性。

10.4 缸（壳）体绝对膨胀

缸（壳）体绝对膨胀测量回路中常见的故障为传感器活动铁芯卡塞，这主要是由于铁芯不同心、与 LVDT 内壁摩擦导致铁芯实际位置发生变化，进而影响测量准确性。此外，驱动铁芯的弹簧长期压缩可能影响其曲张力。因此，在传感器定位时应尽量避免弹簧处

于压紧状态（随缸体膨胀逐渐松弛），最好选择松弛状态（随缸体
膨胀逐渐压紧）。

10.5 轴承（盖）绝对振动

轴承（盖）绝对振动测量回路的异常现象相对较少，由于传感器
信号直接通过二次电缆传输至测量模块，中间线路简单，因此故障多
发生在接线端子部位，如就地端子箱或 TSI 机柜内的端子。接线松动
可能导致传感器测量线圈的阻抗改变，从而引起测量输出跳变，甚至
触发测量模块的"回路故障"指示。

判断速度传感器的工作状态还可以通过测量其测量回路（线
圈）的阻抗来进行。例如，艾默生 R9268/20 或 PR9268/30 系列传
感器，其线圈阻抗大约为 1875Ω；而本特利 9200（74712）系列的
线圈阻抗为 1250Ω，在测量回路中还需要在线圈的 A、B 两端跨接
10kΩ 电阻。

判断瓦振传感器输出电压值是否与画面显示的瓦振值相符，可以
通过测量瓦振传感器输出的交流电压信号，来大致判断此时画面显示
值应为多少。

为理解在不同频率下振动速度与振动位移的关系，现特意整理了
振动速度/位移对照表（见表 10-1）。该表 10-1 显示，振动频率越低
时，振动位移与振动速度的比值就越大。例如，对于工作频率为
50Hz 的设备，振动位移与振动速度的比约为 9 倍；而对于工作频率
在 20Hz 左右的辅机设备，这个比值增加到 20 多倍。这就是为什么许
多辅机选择振动速度作为输出特征值的原因。

诺模图种类繁多，其中反映振动频率、振动位移和振动速度之间的关系如图 10-3 所示，该图显示振动频率、振动位移和振动速度三者间存在非线性关系。已知其中的两个量，可以检索到在不同频率下，振动速度与振动位移之间的关系。关于诺模图的解读和理解，建议查阅其他资料以获得更深入的信息。

表 10-1　　　　　　　　　振动速度/振动位移对照表　　　　μm

频率 (Hz)	2 mm/s	4 mm/s	6 mm/s	8 mm/s	10 mm/s	12 mm/s	14 mm/s	16 mm/s	18 mm/s	20 mm/s
10.00	90.00	180.00	270.00	360.00	450.00	540.00	630.00	720.00	810.00	900.00
20.00	45.00	90.00	135.00	180.00	225.00	270.00	315.00	360.00	405.00	450.00
30.00	30.00	60.00	90.00	120.00	150.00	180.00	210.00	240.00	270.00	300.00
40.00	23.00	45.00	68.00	90.00	113.00	135.00	158.00	180.00	203.00	225.00
50.00	18.00	36.00	54.00	72.00	90.00	108.00	126.00	144.00	162.00	180.00
60.00	15.00	30.00	45.00	60.00	75.00	90.00	105.00	120.00	135.00	150.00
70.00	13.00	26.00	39.00	51.00	64.00	77.00	90.00	103.00	116.00	129.00
80.00	11.00	23.00	34.00	45.00	56.00	68.00	79.00	90.00	101.00	113.00
90.00	10.00	20.00	30.00	40.00	50.00	60.00	70.00	80.00	90.00	100.00
100.00	9.00	18.00	27.00	36.00	45.00	54.00	63.00	72.00	81.00	90.00
120.00	8.00	15.00	23.00	30.00	38.00	45.00	53.00	60.00	68.00	75.00
140.00	6.00	13.00	19.00	26.00	32.00	39.00	45.00	52.00	58.00	65.00
160.00	6.00	11.00	17.00	23.00	28.00	34.00	40.00	45.00	51.00	57.00
180.00	5.00	10.00	15.00	20.00	25.00	30.00	35.00	40.00	45.00	50.00
200.00	5.00	9.00	14.00	18.00	23.00	27.00	32.00	36.00	41.00	45.00

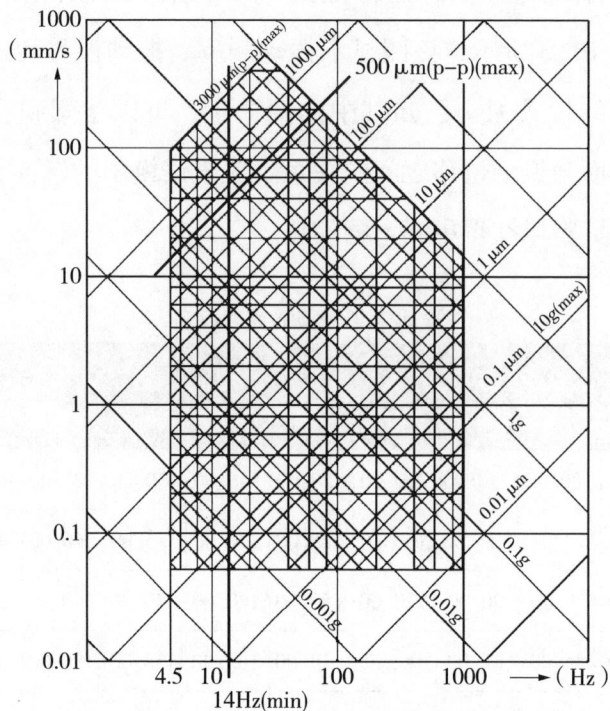

图 10-3　诺模图

10.6　转子偏心常见异常现象及处理方法

　　偏心测量回路在现场常见异常现象主要有两种：①偏心显示时有时无；②在低转速时显示正常，而转速升高后偏心显示消失。第一种情况需要检查键相信号是否正常以及键相测量回路的"上下限触发电平"设置是否合理。第二种情况是由于软件设置的限制，当转速达到一定水平时，偏心显示会自动归零。如果低转速时偏心显示较大，可能需要关注偏心测点在轴系的位置以及偏心传感器正对的转子测量面是否有缺陷。现场检测时，偏心测点静态时前置器的电压定位方法与

相对轴振动前置器电压定位方法基本相同。在转子盘车阶段（一般
4r/min），可以通过万用表直流挡检测偏心传感器正对的转子被测面
上的机械缺陷来确定是否存在问题。万用表上直流电压的跳变，表明
测量面有缺陷，电压跳变幅度/传感器灵敏度，大约就是测量面机械
划伤的深度，如图 10-4 所示。

图 10-4　现场转子测量面划伤图片

TSI

第 2 篇

全国产TSI系统TMS-T316

第 11 章

综述

目前，在国内大型火电机组中，主流的 TSI 系统品牌包括德国的 MMS6000 系统（现由艾默生公司拥有）和 Bently 3500 系统。此外，VM600、美国派力司、德国申克、日本新川等品牌的 TSI 系统装备数量相对较少。尽管国内品牌（主要是仿制品）数量众多，但它们主要应用于 50MW 以下的机组或热力公司的供热类机组。

11.1 各个品牌系统的相同之处

（1）测量模块：无论采用进口品牌还是国产品牌，普遍采用 2 通道或 4 通道。这些模块通常采用单一电源供电（通常为 24V DC），并通过 DC/DC 转换器为模块内不同类型的 IC 芯片提供所需的工作电源。在测量及转换原理方面，各类信号基本相同，且模拟量和开关量输出功能也相似。模块内的运行参数（如量程、报警值、延迟时间和拾振频域等）通常通过各自专用的组态软件进行设置。为了支持 TDM 系统，模块还配备了缓冲输出接口（BNC 接头）和通信接口（232 或 485）。此外，为了适应在辅机设备上的使用，各厂商还开发了 TSI 变送器类产品。

（2）传感器：不同品牌同类传感器的测量原理基本相同，但封装工艺存在差异（如前置器外形、螺纹尺寸和螺距规格、传感器引线材

质和接线方式）。现场安装方式大致相同，但不同品牌传感器的灵敏
度可能有所不同，如电涡流传感器、速度（加速度）传感器等。

11.2 各个品牌系统的差异之处

（1）MMS6000系统：双通道设计，欧标，主要个性有振动模块
内置有FFT（快速傅里叶变换）功能，可在线观测振动信号的时域波
形与频域波形；位移测量模块具有传感器线性化补偿功能，当位移
（胀差）传感器线性较（变）差时，通过线性化补偿，可获得较高
（百分表）的测量精度。

（2）Bently3500系统：4通道，美标，无显著个性，也无明显
缺点。

（3）其他系统：有2通道或4通道、欧标和美标之分，基本特性
与Bently3500大致相同。

11.3 全国产TSI系统——TMS-T316

2023年，西安热工研究院携手华能山东分公司，依托莱芜电厂
示范工程基地成功研发了全国产的TSI系统——TMS-T316。该系统
解决了我国对进口TSI系统的依赖问题，实现了关键核心技术的自主
可控。

在研发过程中，西安热工研究院的科研团队迎难而上，攻克了国
产嵌入式芯片选型、现场总线通信协议栈等一系列技术难题。他们不
仅成功开发了主控、通信卡、数采卡等10余项关键功能卡件，还配

套生产了传感器及校验仪等系列产品，确保了软硬件的全面国产化。

TMS-T316 系统展现了卓越的性能，在多项核心技术指标上超越了目前国内在役的 TSI 系统。它能够连续、精准地监测汽轮机的重要运行参数，如转速、振动、位移等，为机组的稳定运行提供有力保障；同时，该系统还具备停机保护功能，能够在异常情况下迅速响应，确保机组安全。

目前，TMS-T316 系统已在华能莱芜电厂的 33 万 kW 机组上成功应用，并展现出良好的运行效果。随着技术的不断成熟和推广，该系统有望广泛应用于电力、石化等行业，为我国工业领域的自主可控发展贡献力量。

后面章节重点介绍该系统的各项指标与组态方法。

第 12 章

TMS-T316 各项技术指标

CHAPTER 12

全国产 TSI 系统采用统一的开发平台，通用技术指标见表 12-1。

表 12-1　　　　　　　全国产 TSI 系统通用技术指标

技术指标	要求
系统国产化率	>90%
可用率	≥99.9%
组态软件远程在线操作刷新周期	≤1s
测量精度、线性度和误差	满足《汽轮机安全监视装置　技术条件》（GB/T 13399—2012）要求
项目采用的硬件、软件	全部采用国产自主可控的技术或产品实现
振动信号采集	高精度，克服小于 50mV 的随机信号采样，取得较高信噪比的良好信号
数字通信	采用总线通信的方式实现数据的数字化传输

12.1　机械保护卡性能指标

该机械保护卡具备精确测量相对振动、绝对振动、轴向位移、轴偏心、绝对膨胀及胀差等关键参数的能力。其设计精妙，集成了两个独立的功能通道输入，显著提升了数据处理的灵活性和效率。尤为显著的是，该机械保护卡展现出强大的兼容性，能够无缝对接所有主流的振动传感器，无论是处理动态信号还是静态信号输入，均表现出色，彰显了其卓越的适应性和兼容性。

在技术核心层面，该机械保护卡采用先进的国产芯片进行数字信号处理，确保了数据处理的高速性、准确性和稳定性。同时，该卡件的前面板设计有与输入信号成比例的缓冲模拟量输出，进一步增强了实用性。此外，该卡件功能强大，能够独立承担除转速、键相外的所有振动信号的采集与处理任务，实现了监测与处理的全面一体化。

12.2 转速键相卡性能指标

该转速键相卡集成了先进的国产芯片，展现出极高的精确度，可精确至 $0.1r/min$。此卡件集高转速测量、零转速精准捕捉、正反转全面识别、键相精准测量及灵活输出等多重功能于一体，充分满足了多样化的工业需求。

为应对复杂多变的测量环境，该系统创新性地融入了自动阈值跟踪技术，能够智能调整以适应不同工况，同时保留了手动调节功能，为用户提供了双重操作便利性和灵活性。尤其值得一提的是，其具备可调节的键相占空比输出功能，进一步提升了系统的兼容性和实用性，确保了测量信号的精确传输与处理。

12.3 双冗余供电模块性能指标

该供电模块的输入电压范围设定为 $90\sim264V$ AC 之间，确保了其在广泛的电压环境下的稳定工作性能。其功率输出不小于 $75W\times2$，充分满足了高负载条件下的稳定运行需求。尤为重要的是，该设备集成了两个完全独立的电源模块，此设计不仅显著增强了系统的可靠性及冗余性，还赋予用户进行带电热插拔操作的能力，极大地提升了系统的维护便捷性和可维护性。

12.4 继电器模块性能指标

该继电器模块具备强大的功能特性，它允许用户通过精密的报警逻辑编程设置，实现对各类监控模块中复杂逻辑报警输出的灵活配置，确保了监控响应的及时性和准确性。此外，该模块能够控制多达16路的继电器输出，为多样化的应用场景提供了丰富的接口资源。尤为值得一提的是，继电器模块的每个输出端口均支持独立编程，用户可以根据实际需求，灵活设计并执行所需的表决逻辑，从而实现对各种设备的精准控制和调度。这一特性极大地增强了系统的灵活性和可扩展性，为各种自动化控制系统提供了强有力的支持。

12.5 组态软件性能

TMS-T316 组态软件性能卓越，其整体架构设计精巧，涵盖了组态子系统、监控子系统、基础服务、故障诊断、外部接口以及实时与关系数据库等多个核心领域。该软件集合了多项前沿技术，包括但不限于直接从就地传感器读取间隙电压，极大简化了调整与安装流程；同时，支持在线读取振动时域波形图，为深入分析提供了有力支持。针对轴向位移等静态量的测量，软件实现了线性化调整功能，显著提升了测量的精确性。

在安全特性方面，TMS-T316 组态软件集成了报警倍增、报警抑制及卡件温度报警设置等关键功能，有效增强了系统的安全性与稳定性。此外，软件还提供了丰富的灵活配置选项，如常用传感器参数预存、采样速度与灵敏度设置以及采样控制方式选择等，以满足用户多样化的需求。

在高级功能方面，该软件同样表现出色，支持频谱分析、通道限值监测、数据波形显示以及线性化补偿与矫正等复杂操作，为用户提供了更为全面和深入的数据分析能力。

在基本操作层面，TMS-T316 组态软件同样展现出了极高的便捷性。用户能够轻松实现从硬盘中打开或保存组态文件、与卡件建立或终止连接、读取与编辑组态信息以及控制数据传输及属性设置等全面功能，极大地提升了工作效率与操作便捷性。

第 13 章 / TMS-T316 系统详细结构

13.1 系统架构

RMS1000 的整体设计精妙且实用，其采用高度为 3U 的拔插式卡件结构（见图 13-1），PCB 尺寸为 160×100。该结构配置双通道，并选用 48F 连接器，以确保信号传输的高效性与稳定性。

为了提升使用的安全性和稳定性，PCB 底部巧妙地增设了黑色绝缘盖板，有效地防止了在拔插过程中可能出现的针脚短路问题。同时，PCB 顶部精心配备了金属盖板，不仅起到了屏蔽干扰的重要作用，还兼顾了整体的美观性。

更为便捷的是，RMS1000 卡件的通信地址设置实现了自动化，用户无需手动干预，只需将卡件插入相应槽位，系统即可自动确定其通信地址，从而极大地简化了操作流程，显著提升了工作效率。

机箱采用高度为 3U 的 19 吋标准机箱，并配备有屏蔽罩及背板安装方式，方便机柜集成（见图 13-2）。所有输入输出信号连接均经过精心布局，集中于背板之上，通过易于操作的插拔式螺钉端子实现快速连接。

在输入端，本机箱展现了广泛的兼容性，提供多种信号端子，包括但不限于 220V AC 电源输入、保护地（PE）、信号地（ME）、传感器信

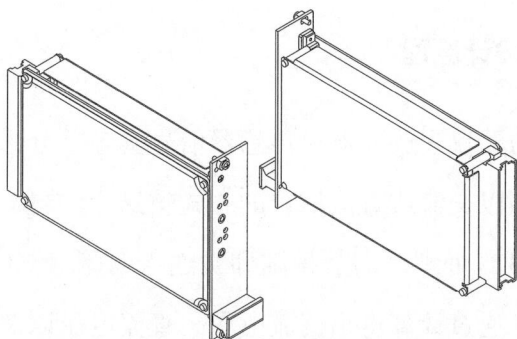

图 13-1　拔插式卡件

号输入及 DI 信号输入，确保全面覆盖各类输入需求。在输出端，本机箱亦表现出色，支持 4~20mA 模拟量输出、传感器缓冲信号 BUF 输出、继电器输出及通信输出等多种信号类型，充分满足多样化的输出需求。

综上所述，凭借标准化的设计、便捷的安装流程及全面的输入输出功能，本机箱无疑成为机柜集成的优选方案。

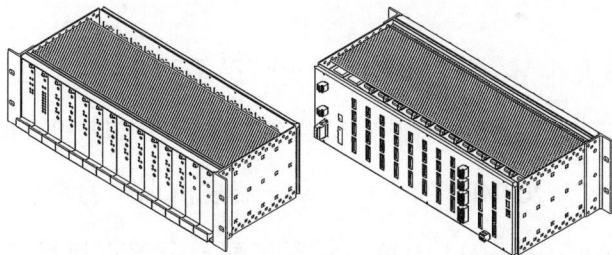

图 13-2　机箱外观图

13.2　RMS1000/10 机械保护卡

RMS1000/10 机械保护卡（简称 10 卡）主要测量相对振动、绝对振动、轴向位移、轴偏心、绝对膨胀、胀差等参数。

13.2.1 设计原理

卡件通过两路仪表放大器对传感器信号实施差分采样，经信号调理电路后，分别以交流或直流耦合的方式被送入 16 位 ADC 进行精准数字化处理。ADC 处理后的数据随即被送入 MCU，MCU 依据系统预设的组态要求，通过计算得出交流电压、直流电压以及具体的测量值等关键参数。

在获取了这些参数后，系统会依据预设的组态参数与当前的测量结果，自动判断通道的状态，包括正常、报警及危险等。同时，系统支持通过多种方式将数据实时传输给上位机或其他相关设备进行处理，包括光耦输出、4～20mA 模拟量输出、RS-485 通信接口以及 CAN 总线等，以满足不同应用场景下的数据传输需求。

13.2.2 主要器件

（1）华大半导体的 HC32F460PETB 系列 MCU（见图 13-3）。HC32F460PETB 系列 MCU 基于 ARM® Cortex®-M4 32-bit RISC CPU 设计，拥有高达 200MHz 的工作频率，展现出卓越的性能。其核心亮点在于集成的 Cortex-M4 内核，它不仅配备了浮点运算单元（FPU）和 DSP 功能，实现单精度浮点算术运算，还兼容所有 ARM 单精度数据处理指令和数据类型，同时支持完整的 DSP 指令集。此外，内核内置 MPU 单元，并与 DMAC 专用 MPU 单元相结合，为系统运行提供双重安全保障。

该系列 MCU 配备了高速片上存储器，包括最大容量达 512KB 的 Flash 和 192KB 的 SRAM，结合 Flash 访问加速单元，确保 CPU 能够在 Flash 上实现单周期程序执行。其轮询式总线矩阵架构支持 CPU、DMA 及 USB 专用 DMA 等多个总线主机同时访问存储器和外设，显著提升系统运行效率。此外，该架构还支持外设间的数据传递、基本算术运算及事件相互触发，有效减轻 CPU 负担。

HC32F460PETB 系列在外设功能上同样表现出色，集成了包括两个独立 12 位 2MSPS ADC、一个增益可调 PGA、三个电压比较器、三个多功能 16 位 PWM Timer 6（支持六路互补 PWM 输出）、三个电动机 PWM Timer 和 Timer4（支持 18 路互补 PWM 输出）、六个 16 位通用 Timer TimerA（支持三路 3 相正交编码输入及 48 路 Duty 独立可设 PWM 输出）在内的多种外设。同时，还配备了 11 个串行通信接口（I2C/UART/SPI）、一个 QSPI 接口、一路 CAN 总线、四个 I2S 音频接口（支持音频 PLL）、两个 SDIO 接口以及一个带片上 FS PHY 的 USB FS Controller（支持 Device/Host 模式）。

在电源管理方面，HC32F460PETB 系列支持宽电压范围（1.8~3.6V）和宽温度范围（-40~105℃），并提供多种低功耗模式以满足不同应用场景的需求。用户可以在 Run 模式和 Sleep 模式下灵活切换超高速模式（200MHz）、高速模式（168MHz）和超低速模式（8MHz）。同时，该系列 MCU 还支持低功耗模式的快速唤醒功能，STOP 模式唤醒时间最快可达 2μs，Power Down 模式唤醒时间最快可达 20μs。

作为卡件的控制中枢，HC32F460PETB 系列利用芯片强大的运算能力对传感器信号进行分析计算，并根据组态数据进行相应输出。其集成的 USART 和 CAN 2.0 控制器在外部芯片的支持下实现了卡件与外部设备的高效数据交互。此外，片内集成的 Flash ROM 还用于保存卡件的固件程序，确保系统运行的稳定性和可靠性。

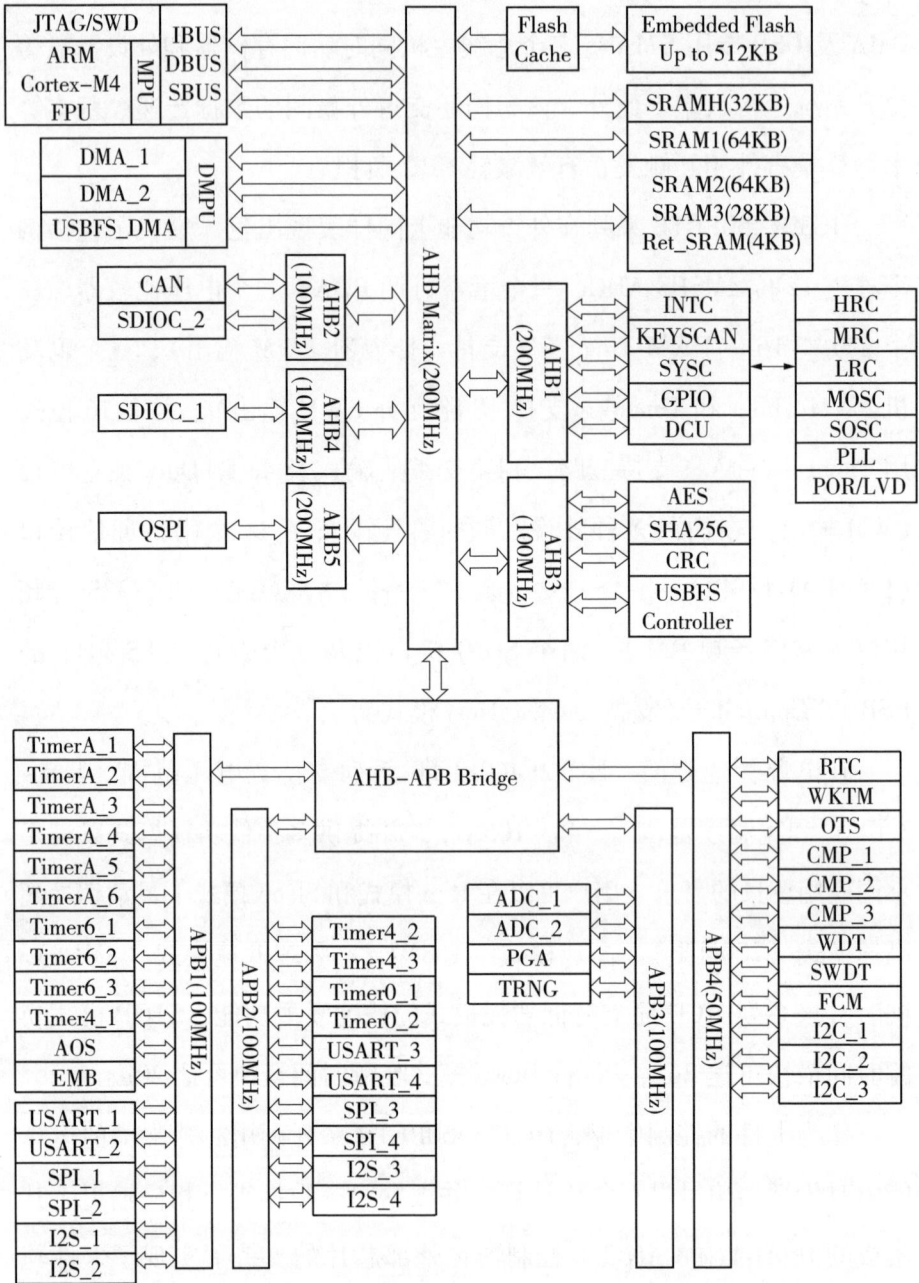

图 13-3　HC32F460PETB 系列 MCU

（2）科山芯创的 COS8821 仪表放大器。该仪表放大器采用了三运算放大器结构设计，能够高效地滤除掉传感器电缆上引入的共模噪声，同时显著提升模拟前端电路的输入阻抗，确保信号传输的纯净性和稳定性，其电路设计见图 13-4。

特征参数

- 低偏移电压：50 μV(max)；
- 低漂移：0.2 μV/℃；
- 低输入偏置电流：2nA(max)；
- 增益带宽积：1.5MHz；
- 压摆率：1.0V/μs；
- 宽电源范围：±2.25V~+18V；
- 低静态电流：1.0mA；
- 单位增益稳定；
- 输入过电压保护；
- 扩展温度范围；
- −40~+125℃；
- 提供SOP8/MSOP8/DIP8封装。

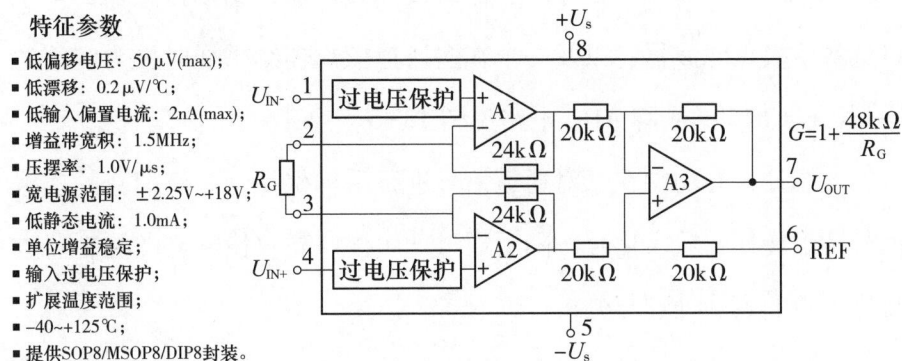

图 13-4　COS8821 仪表放大器器件电路图

（3）苏州思瑞浦微电子的 TP2272 和 TP5532 运算放大器。TP2272 运算放大器在电路中扮演着多重角色，主要包括作为信号调理电路和滤波器电路的核心组件。它能够有效地将传感器输出的信号电压范围调整至适合模数转换器（ADC）进行采集的电压范围内。此外，TP2272 还具备低通滤波和高通滤波功能，以确保信号的纯净度和准确性。同时，它也被用作缓冲输出的运算放大器，增强了信号的稳定性和可靠性。

TP5532 运算放大器用于信号在进入模数转换器（ADC）之前进行缓冲保护。其主要功能有二：一是防止信号电压超出 ADC 芯片所能承受的范围，确保信号的安全传输；二是加速对 ADC 采样保持电容的充电过程，从而提高 ADC 的采样效率与准确性。

（4）北京核芯互联的 CL1699 品牌 ADC。CL1699 拥有多通道低功耗数据采集系统所需的所有组成部分，具体包括：一个无失码的真 16 位 SAR ADC；一个 8 通道低串扰多路复用器，可灵活配置为单端输入、差分输入、单极性或双极输入模式；内置低温漂带隙基准源（提供 2.5V 或 4.096V 的可选配置）及其缓冲器；温度传感器；一个可选的单极点滤波器；以及一个在多通道依次连续采样时极为实用的序列器。CL1699 品牌 ADC 电路见图 13-5。

此芯片核心功能在于对通道信号进行采样保持，并将捕获的模拟信号精确转换为数字信号，随后通过 SPI 接口高效传输至微控制器进行进一步的数据处理与分析。

为最小化通道切换过程中可能产生的通道间串扰问题，本卡件特别采用了双 ADC 芯片设计，分别独立处理两个通道的信号。此外，在根据组态数据选定 MUX 通道的 AC/DC 耦合方式后，将不用再进行通道切换操作。

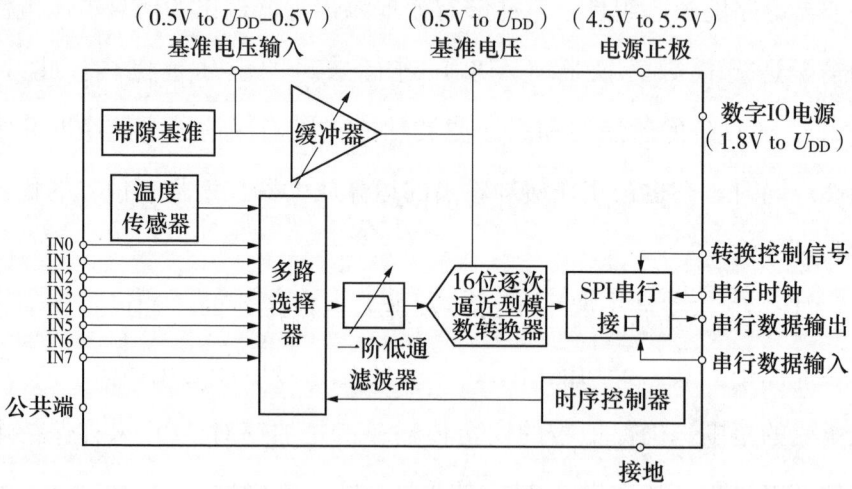

图 13-5　CL1699 品牌 ADC 器件电路图

（5）苏州纳芯微电子的 NSi83086 品牌 RS-485 接口。NSi83086 是一款具备高度可靠性的隔离全双工 RS-485 收发器，该产品已通过 UL1577 安全认证，并展现出卓越的电气性能，包括支持 5kV（有效值）的绝缘耐受电压，以及高抗电磁干扰、低噪声和低功耗等特性。

此收发器的芯片引脚设计有系统级的 ESD 保护机制，可承受高达 ±16kV 的电压冲击，从而有效保障电路安全。此外，它还内置了故障安全电路，确保在接收器输入处于开路或短路状态时，输出将自动置为高电平，增强了系统的稳定性和安全性。

NSi83086 在负载能力上同样表现出色，其接收器输入阻抗允许在标准负载的 1/8 条件下，同时接入多达 256 个设备至总线，极大地扩展了系统的连接能力和灵活性。

在数据传输速率方面，NSi83086 达到了 16Mbit/s 的卓越性能，为卡件提供了高速通信的能力，满足了现代工业控制系统对数据传输速度和效率的高要求。同时，其隔离特性也有效降低了外部系统对卡件的影响，减少了测量噪声，进一步提升了工作可靠性。

（6）上海川土微电子的 CA-IS3050W 品牌 CAN 接口（简化功能框图见图 13-6）。CA-IS3050W 是一款隔离式控制区域网络（CAN）物理层收发器，符合 ISO11898-2 标准的技术规范。此器件采用片上二氧化硅（SiO_2）电容作为隔离层，在 CAN 协议控制器和物理层总线之间创建一个完全隔离的接口，与隔离电源一起使用，可隔绝噪声和干扰并防止损坏敏感电路。CA-IS3050W 可为 CAN 协议控制器和物理层总线分别提供差分接收和差分发射能力。该器件具有限流、过电压和接地损耗保护（-40~40V）以及热关断功能，可防止输出短路，共模电压范围为 -12~12V。

简化功能框图

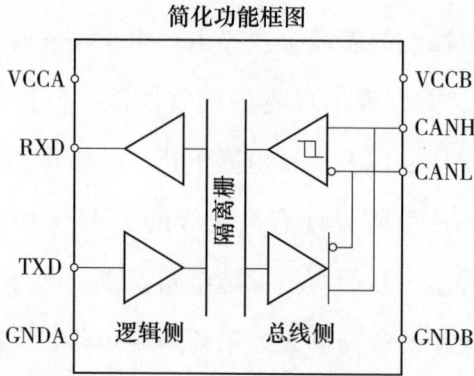

图 13-6　CA-IS3050W 品牌 CAN 接口简化功能框图

（7）深圳卓睿的 CYTLP185 光耦（见图 13-7）。CYTLP185 光电耦合器用于卡件的报警输出和键相信号输入。

特性

- 电流转换比(CTR)范围：80~600%(I_F=5mA，U_{CE}=5V)；
- 输入-输出隔离电压(U_{iso}=5000U_{rms})；
- 集电极-发射极击穿电压$BU_{CEO} \geqslant 80V$；
- 工作温度：–55~110℃；
- UL和CUL认证(NO.E497745)；
- 符合EU REACH和RoHS。

结构原理图和封装

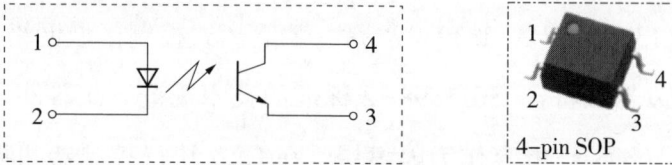

图 13-7　CYTLP185 光耦

（8）广州金升阳 WRA24××S-3WR2 系列 DC-DC 模块。WRA24××S-3WR2 系列产品是一款具备 2∶1 输入与常规电压输出的隔离型 3W DC-DC 转换器。该产品设计为紧凑的 SIP-8 塑料引脚封装形式，展现出卓越的能源转换效率，并能在广泛的温度范围（–40～+85℃）

内稳定工作。此外，该转换器还集成了远程遥控与可持续短路保护功能，进一步提升了产品的可靠性与安全性。

鉴于其小巧的体积与优化的成本设计，WRA 系列产品成为通信设备、仪器仪表以及工业电子应用领域的理想电源解决方案。特别是在卡件应用中，通过采用 WRA 隔离电源模块，成功实现了与供电总线的电气隔离，为模拟前端电路、传感器供电以及数字系统等多种应用场景提供了稳定且不同需求的工作电压，从而确保了整体系统的稳定运行与高效性能。

（9）广州金升阳 B0505S-1WR3 系列 DC-DC 模块。该系列产品是专门针对线路板上分布式电源系统中需要产生一组与输入电源隔离的电源的应用场合而设计的。其应用范围涵盖纯数字电路、一般低频模拟电路、继电器驱动电路及数据交换电路等广泛领域。

本卡件通过采用该电源模块为 RS-485、CAN 通信芯片提供隔离供电，成功实现了通信模块与卡件内部工作电源之间的电气隔离，有效削弱了外部系统对卡件的潜在影响，进一步降低了系统测量噪声，并显著提升了整体工作的可靠性。

13.2.3　功能

1. 信号输入

本卡件支持两路独立的传感器信号输入，具体参数如下：输入电压范围限定在 $-1 \sim -22V$ DC 之间；输入频率范围则设定在 $0.1 \sim 20kHz$ 的区间内。

对于每路传感器，卡件均配置有独立的工作电源系统，以确保稳定运行。电源的额定电压为−24V DC，额定电流设定为 20mA，并具备最大 35mA 的过载能力。此外，每路电源均内置自恢复保险装置，以有效预防外部接线短路可能引发的风险。

本卡件还集成了五路独立的数字量输入端口，旨在满足多样化的控制需求。具体功能分配如下：DI5 端口用于键相信号输入；DI1 端口设计为报警倍增功能；DI2 端口则用于报警复位操作；DI3 端口则特定于危险值旁路控制。以上设计旨在提升系统的灵活性与安全性。

2. 工作模式

轴振测量采用独立模式，其下截止频率设定为 1Hz，测量指标为峰−峰值，度量单位为 μm。对于偏心测量模式，其运行需依赖键相信号的输入，同样以峰−峰值作为测量指标，度量单位为 μm。

轴向位置测量采用独立模式，专注于位移与胀差的精确测量，度量单位为 mm。壳体膨胀的独立测量模式则专注于绝对膨胀的精确捕捉，度量单位为 mm。此外，还设有通用测量模式，其工程单位可根据实际需求进行自定义设置。

3. 信号输出

（1）测量值输出：每通道均配置有 1 路模拟量输出，并支持 Modbus RTU 通信方式输出，以满足显示与记录的需求。

（2）开关量输出：每通道均设有 1 路通道正常状态及 2 级阈值报警输出，采用光耦隔离驱动方式；同时，支持 Modbus RTU 通信方式输出，便于显示与记录；此外，还设有 HCBUS（CAN 总线）高速输出，专用于继电器模块的逻辑组态。

（3）波形和频谱输出：采用 RS-485 总线（专用协议）进行输出，以满足用户对波形与频谱的显示与分析需求。

（4）缓冲信号输出：传感器输入信号经过隔离缓冲处理后，按照 1∶2 的比例进行硬接线方式输出；其频率范围覆盖 0～20kHz，具备 -3dB 的衰减特性，且误差控制在 ±5% 以内；同时，该输出允许连接的负载应大于 10kΩ。

4. 阈值监测

（1）报警门限设置：在组态软件中，针对每个通道可独立设定四个关键的门限值，分别是 Danger Level+（危险上限）、Alarm Level+（报警上限）、Alarm Level-（报警下限）以及 Danger Level-（危险下限）。此设置确保了当测量值沿正向或负向变动时，一旦超越所设定的门限值，即会触发相应的报警机制。

（2）报警死区调整：为避免因测量值在门限值附近微小波动而频繁触发报警，特设置报警死区功能。用户可在满量程的 1%～10% 范围内灵活选择死区大小。该功能的特性在于，当测量值自高向低跨越死区时触发报警，而自低向高跨越时则恢复常态。

（3）报警输出配置：每个通道均支持两级报警输出功能。其中，报警值通过 RS-485 通信方式实现远程传输，而危险值则采用硬接线方式直接输出，确保信号的快速响应与稳定传输。

（4）报警保持功能启用：一旦报警被触发，系统将自动进入报警保持状态，直至用户通过组态软件中的 Reset Latch 命令进行手动复位，方可解除报警并保持状态更新。

（5）报警延时设置：为避免因瞬间干扰引起的测量值跳变而导致

系统误动作，用户可在 0~5s 之间设定报警延时。在设定的延时期间内，即使测量值达到报警门限，系统也不会立即触发报警，直至延时结束后根据实际情况决定是否发出报警信号。

（6）报警输出方式选择：在组态软件中，用户可根据实际需求选择报警输出的具体模式。包括常闭模式（NE），即无报警时输出关闭，报警时输出打开；以及常开模式（NDE），即无报警时输出打开，报警时输出关闭。

（7）报警禁止条件设定：在特定情况下，系统将自动禁止报警输出，以保障系统的稳定运行。这些特定情况包括：卡件发生供电或软件故障；系统通电及完成组态后的前 15s 延时期内；以及在组态软件中激活通道故障抑制功能时，若输入电平低于量程下限 0.5V 或高于量程上限 0.5V，同样会触发报警禁止机制。

5. 通道监测

卡件承担着对输入信号的直流电压值进行监测的任务。具体而言，当监测到的输入信号电压值偏离预设的上下限阈值（即超过上限 0.5V 或低于下限 0.5V）时，系统将自动触发通道错误指示，以提示异常情况。以下是关于该卡件核心功能的详细阐述：

（1）通道正常输出功能：每个独立通道均集成了一路"通道正常"输出信号，其输出模式与配置方式高度灵活，用户可通过专业的组态软件进行个性化选择与配置，以满足不同的应用需求。

（2）过载监测与告警机制：为确保系统运行的稳定与安全，卡件内置了精密的过载监测功能。一旦监测到动态信号的幅值超越了预设的量程范围，卡件将立即启动过载信息输出，有效提醒用户关注并采取相应措施。

（3）卡件温度监测与报警功能：为保障卡件在适宜的工作环境下持续稳定运行，系统特别引入了温度监测与报警机制。该机制持续对CPU 的温度进行严密监控，一旦监测到温度上升至预设的安全限值（该限值同样支持通过组态软件进行灵活设置），系统将迅速触发报警响应，以有效防止因温度过高而导致的设备损坏或安全事故。

13.3 RMS1000/30 转速卡

RMS1000/30 转速卡（简称 30 卡）具备多重功能，包括高转速测量、零转速测量、正反转测量、键相测量以及输出等核心功能，集高度集成化与多样化功能于一体。

13.3.1 设计原理

卡件采用两路仪表放大器装置对传感器信号实施差分采样处理。在此过程中，原始信号首先经过精密的调理电路，以优化信号质量。随后，该直流电压信号由 MCU 内置的 12 位高精度 ADC 进行采样，确保数据的准确性和稳定性。

MCU 计算信号的偏置分量后，由 PWM 输出一个参考电压，该参考电压被送入电压比较器，后者将其与输入信号进行比对，转换成一个标准化的脉冲信号。

脉冲信号进一步经过精密的测量与计算，最终得出转速信号或键相信号，以满足不同的应用需求。

在得出测量结果后，系统会根据预设的组态参数，对通道状态进行正常、报警或危险状态判断。同时，卡件支持通过多种通信方式，包括光耦输出、4~20mA 模拟量输出、TTL 脉冲输出、RS-485 输出及 CAN 总线等，将处理结果实时传输给上位机或其他相关设备，以便于后续的数据处理和分析。

键相信号通过光耦输出给 RMS1000/30 卡件，以确保在键相同步的条件下进行精确测量，从而提升整体系统的测量精度和可靠性。

13.3.2　主要器件

（1）华大半导体的 HC32F460PETB 系列 MCU。HC32F460PETB 系列是一款基于 ARM® Cortex®-M4 32 位 RISC CPU 的高性能微控制器单元（MCU），其最高工作频率可达 200MHz。该系列 MCU 的 Cortex-M4 内核集成了浮点运算单元（FPU）和数字信号处理器（DSP），能够执行单精度浮点算术运算，全面支持 ARM 单精度数据处理指令和数据类型，并兼容完整的 DSP 指令集。此外，内核还集成了内存保护单元（MPU）以及专用的 DMAC MPU 单元，共同确保系统运行的安全性。

HC32F460PETB 系列配备了高速片上存储器，包括最大容量为 512KB 的 Flash 和最大 192KB 的 SRAM。通过集成的 Flash 访问加速单元，CPU 能够在 Flash 上实现单周期程序执行，显著提升执行效率。该系列还采用了轮询式总线矩阵架构，支持 CPU、DMA、USB 专用 DMA 等多个总线主机同时访问存储器和外设，进一步优化了运行性能。此外，总线矩阵还支持外设间的数据传递、基本算术运算和事件相互触发，有效减轻了 CPU 的事务处理负担。

在外设功能方面，HC32F460PETB 系列表现丰富多样。它集成了

2 个独立的 12 位 2MSPS 模数转换器（ADC）、1 个增益可调的可编程增益放大器（PGA）、3 个电压比较器以及多个定时器模块。其中，Timer6 作为多功能 16 位定时器，支持 6 路互补 PWM 输出；Timer4 则支持高达 18 路互补 PWM 输出，满足复杂电动机控制需求。此外，该系列还提供了 11 个串行通信接口（包括 I2C、UART、SPI 等）、1 个 QSPI 接口、1 路 CAN 总线接口、4 个 I2S 音频接口以及 1 个 USB FS 控制器（带片上 FS PHY），支持 Device/Host 模式。

HC32F460PETB 系列支持宽电压范围（1.8~3.6V）和宽温度范围（-40~105℃），并具备多种低功耗模式以适应不同应用场景。在 Run 模式和 Sleep 模式下，用户可根据需要切换超高速模式（200MHz）、高速模式（168MHz）或超低速模式（8MHz）。同时，该系列还支持低功耗模式的快速唤醒功能，STOP 模式唤醒时间最快可达 2μs，Power Down 模式唤醒时间最快可达 20μs。

作为卡件的控制中枢，HC32F460PETB 充分利用其强大的运算能力对传感器信号进行分析计算并获取测量值。随后根据组态数据进行相应的输出控制。此外，该芯片还集成了 USART 和 CAN 2.0 控制器等通信接口，在外部芯片的支持下实现了卡件与外部设备之间的数据交互。同时，片内集成的 Flash ROM 用于保存卡件的固件程序以确保系统的稳定运行。

（2）科山芯创的 COS8821 仪表放大器。该仪表放大器采用三运算放大器结构设计，旨在有效滤除传感器电缆引入的共模噪声，并显著提升模拟前端电路的输入阻抗。

（3）苏州思瑞浦微电子的 TP2272 和 TP5532 运算放大器。TP2272 和 TP5532 运算放大器的功能特点在前面已经介绍过，这里不再赘述。

（4）苏州思瑞浦微电子的 LMV331 电压比较器。电压比较器 LMV331 负责比较输入信号与参考电压值的大小，其对比结果通过输出开关管被转化为单一的脉冲信号。在卡件的工作流程中，该电压比较器扮演着将模拟电压信号转换为数字脉冲信号的关键角色。此外，为确保系统稳定性，避免在临界电压值附近产生脉冲信号的震荡现象，需精心设计反馈电路，确保比较器具备迟滞特性。

（5）苏州纳芯微电子的 NSi83086 品牌 RS-485 接口、上海川土微电子的 CA-IS3050W 品牌 CAN 接口、深圳卓睿的 CYTLP185 光耦、广州金升阳的 WRA24××S-3WR2 和 B0505S-1WR3 品牌 DC-DC 模块，以上这些器件的功能特点在前面已经介绍过，这里不再赘述。

13.3.3 功能

1. 信号输入

本卡件支持两路独立的传感器信号输入，具体参数如下：输入电压范围限定在-1~-22V DC 之间；输入频率范围则设定在 0.1~20kHz 的区间内。

对于每路传感器，卡件均配置有独立的工作电源，以确保稳定运行。电源的额定电压为-24V DC，额定电流设定为 20mA，并具备最大 35mA 的过载能力。此外，每路电源均内置自恢复保险装置，以有效预防外部接线短路可能引发的风险。

本卡件还集成了五路独立的数字量输入端口，旨在满足多样化的控制需求。具体功能分配如下：DI2 端口用于报警复位；DI3 端口用于危险值旁路控制。

2. 工作模式

工作模式分两种：一是转速测量模式，其计量单位为 r/min（每分钟转数），用于精确测量旋转设备的转速；二是键相模式，该模式在每转过程中输出一个脉冲信号，此信号可用于其他卡件或系统的控制，以确保同步性和精确性。

3. 信号输出

①测量值输出：每通道均配置有 1 路模拟量输出，并支持 Modbus RTU 通信方式输出，以满足显示与记录的需求。

②开关量输出：每通道均设有 1 路通道正常状态及 2 路阈值报警输出，采用光耦隔离驱动方式；同时，支持 Modbus RTU 通信方式输出，便于显示与记录；此外，还设有 HCBUS（CAN 总线）高速输出，专用于继电器模块的逻辑组态。

③缓冲信号输出：传感器输入信号经过隔离缓冲处理后，按照 1∶2 的比例进行硬接线方式输出；其频率范围覆盖 0~20kHz，具备 -3dB 的衰减特性，且误差控制在 ±5% 以内；同时，该输出允许连接的负载应大于 10kΩ。

4. 阈值监测

（1）报警门限设置：在组态软件中，针对每个通道可独立设定四个关键的门限值，分别是 Danger Level+（危险上限）、Alarm Level+（报警上限）、Alarm Level-（报警下限）以及 Danger Level-（危险下限）。此设置确保了当测量值沿正向或负向变动时，一旦超越所设定的门限值，即会触发相应的报警机制。

（2）报警死区调整：为避免因测量值在门限值附近微小波动而频繁触发报警，特设置报警死区功能。特性为正向下降触发，负向上升触发。

（3）报警输出配置：每个通道均支持两级报警输出功能。其中，报警值通过 RS-485 通信方式实现远程传输，而危险值则采用硬接线方式直接输出，确保信号的快速响应与稳定传输。

（4）报警保持功能启用：一旦报警被触发，系统将自动进入报警保持状态，直至用户通过组态软件中的 Reset Latch 命令进行手动复位，方可解除报警并保持状态更新。

（5）报警延时设置：为避免因瞬间干扰引起的测量值跳变而导致系统误动作，用户可在 0~5s 之间设定报警延时。在设定的延时期间内，即使测量值达到报警门限，系统也不会立即触发报警，直至延时结束后根据实际情况决定是否发出报警信号。

（6）报警输出方式选择：在组态软件中，用户可根据实际需求选择报警输出的具体模式。包括常闭模式（NE），即无报警时输出关闭，报警时输出打开；以及常开模式（NDE），即无报警时输出打开，报警时输出关闭。

（7）报警禁止条件设定：在特定情况下，系统将自动禁止报警输出，以保障系统的稳定运行。这些特定情况包括：卡件发生供电或软件故障；系统通电及完成组态后的前 15s 延时期内；以及在组态软件中激活通道故障抑制功能时，若输入电平低于量程下限 0.5V 或高于量程上限 0.5V，同样会触发报警禁止机制。

5. 通道监测

卡件承担着对输入信号的直流电压值进行监测的任务。具体而言，当监测到的输入信号电压值偏离预设的上下限阈值（即超过上限 0.5V 或低于下限 0.5V）时，系统将自动触发通道错误指示，以提示异常情况。以下是关于该卡件核心功能的详细阐述：

（1）通道正常输出功能：每个独立通道均集成了一路"通道正常"输出信号，其输出模式与配置方式高度灵活，用户可通过专业的组态软件进行个性化选择与配置，以满足不同的应用需求。

（2）过载监测：为确保系统运行的稳定与安全，卡件内置了精密的过载监测功能。一旦监测到动态信号的幅值超越了预设的量程范围，卡件将立即启动过载信息输出，有效提醒用户关注并采取相应措施。

（3）卡件温度监测与报警功能：为保障卡件在适宜的工作环境下持续稳定运行，系统特别引入了温度监测与报警机制。该机制持续对 CPU 的温度进行严密监控，一旦监测到温度上升至预设的安全限值（该限值同样支持通过组态软件进行灵活设置），系统将迅速触发报警响应，以有效防止因温度过高而导致的设备损坏或安全事故。

13.4　RMS1000/50 继电器模块

13.4.1　特性

（1）本继电器模块是专为逻辑运算与继电器输出而设计，其满负荷运行状态下的响应时间严格控制在 10ms 以内，确保了高效稳定的运行效率。

（2）模块内置板载存储器，专门用于运行过程中的事件记录功能，所有记录均严格按照时间顺序排列，便于后续的数据追溯与分析。

（3）在编程方面，本模块采用了简洁明快的语言方式，使得编程过程既快速又简便，极大地降低了学习成本，即使是初学者也能轻松上手。

（4）此外，模块还支持通过 HCBUS 接口输入多达三层的框架状态信号，为用户提供了更为灵活的数据交互方式。

（5）在输出方面，本模块配备了 16 通道的继电器输出 DO 点，充分满足了各种应用场景下的需求。同时，模块还设有继电器输出正常运行指示灯，确保用户能够直观了解模块的运行状态。

（6）在安装方面，本模块采用框架外布置与导轨式安装的设计，有效避免占用框架槽位的问题，为用户提供了更为便捷的安装体验。

13.4.2　功能

（1）输入处理：采用 HCBUS 技术输入状态信号，并通过 CAN 总线通信机制确保信号的实时传输与高度可靠性。

（2）输出配置：该模块集成了 16 通道的继电器输出点，其节点容量设定为 250V AC/6A。用户可通过组态软件灵活选择继电器的输出模式，即常带电（NE）或常不带电（NDE）状态。

（3）状态监控机制：系统内置看门狗功能，实时对模块的运行状态进行严密监视。一旦发现故障情况，将立即发出故障指示，并在必要时自动闭锁所有输出，以确保系统安全。

（4）状态指示方式：模块提供三种状态指示途径，包括前面板上的"正常"指示灯、独立的"模块正常"继电器输出，以及通过计算机及组态软件进行的图形化显示，便于用户全面了解模块的工作状态。

（5）事件记录功能：模块全面监测所有输入、输出信号的状态变化，并在输入信号发生翻转时自动记录事件，记录容量不低于 4096条，相当于集成了序列事件记录（SOE）功能。同时，当输出继电器动作时，会点亮前面板上对应的 LED 指示灯，以直观显示输出状态。

（6）指示灯状态说明：在模块正常运行时，指示灯 1 将呈现绿色常亮状态，而指示灯 2 则熄灭。若监测到模块故障，则指示灯 1 将熄灭，而指示灯 2 将变为红色常亮状态，以明确指示故障情况。

（7）通电后行为：模块在通电后将执行启动延时程序，期间两个指示灯将同步闪烁 15s 以示初始化过程。若卡件未进行组态配置，则两个指示灯将交替闪烁以提示用户进行配置。此外，当存储器空间占用率达到 90%时，卡件的正常指示灯将开始闪烁以提醒用户注意存储空间的使用情况。

（8）温度监测与报警：模块内置 CPU 温度监测功能，持续监测CPU 的工作温度。当温度上升至预设的限值（该限值可通过组态进行设定）时，系统将自动触发报警机制以提醒用户注意并采取相应措施防止过热损坏。

（9）正常输出行为：在模块处于正常工作状态时，将按照用户设定的 NE 模式输出继电器信号以驱动外部设备。

第 14 章

TMS-T316 组态软件

14.1 安装与运行

14.1.1 最低运行要求

产品交付时，TMS-T316 系统各卡件处于未组态状态，需要使用 CS 软件来为卡件组态。

为确保组态软件能顺利运行，并与 BP 机架中已安装的 CM 卡、SM 卡、RM 卡等设备进行稳定通信，计算机需达到以下基本配置标准：

（1）采用标准商务或办公电脑。

（2）通信接口支持 USB 或 TCP 协议。

（3）硬盘剩余空间不得低于 1GB。

（4）系统内存（RAM）至少需达到 4GB。

（5）显示器分辨率需满足最低要求，即 1366×768 像素，且文本缩放比例应为 100%。

（6）操作系统方面，支持 Microsoft Windows 7、8、10、11 以及未来所有能兼容 Microsoft. Net framework v 4.0 的版本。

（7）运行环境需安装 Microsoft. Net framework v 4.0。

14.1.2　软件安装

组态软件设计为免安装直接运行方式。步骤：

（1）从互联网上下载组态软件。下载地址：https://pan.baidu.com/s/1eGok4vK4qmx_Au7qTjVBIw？pwd=T316。

（2）解压文件到电脑上任意位置，比如 C:\T316。

（3）直接双击"CS.exe"，组态软件就开始运行。

（4）也可以右击"CS.exe"，在弹出的快捷菜单中点击"发送到""桌面快捷方式"，以后直接在桌面点击对应的快捷图标，即可启动组态软件 CS。

14.2　菜单与工具栏

14.2.1　概况

使用 CS 组态和操作 TMS-T316 系统，运行该软件可组态的卡件：①多功能卡 CM；②转速卡 SM；③继电器卡 RM。

通过 CS 强大的在线显示功能，还可以实现：

（1）直接读取就地传感器间隙电压，方便调整与安装。

（2）在线读取振动时域波形和频谱图，便于分析。

（3）对轴向位移等静态量做线性化调整，提高测量精度。

（4）查看系统内部开关量 SOE 记录。

启动软件时，要求输入管理员密码（见图 14-1），输入正确的密码登录软件才可编辑和下装组态。点击"取消"将以"观察员"模式启动软件。初始密码为 admin，登录后可在"选项">"用户管理"
菜单项下修改管理员密码。启动软件后，CS 将显示软件菜单、快捷
工具栏，以及系统树形结构和工作区。

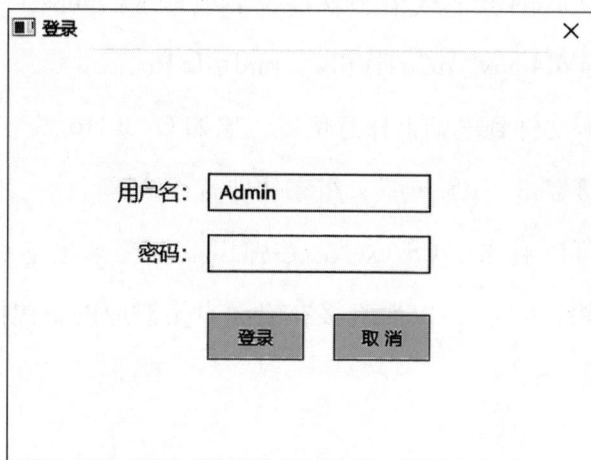

图 14-1　TMS-T316 系统登录页面

14.2.2　菜单

菜单项包含：文件、连接、组态、选项、语言、帮助。

（1）"文件"菜单下包括：新建项目、打开、关闭、保存、另存
为、打印、退出选项。

（2）"连接"菜单包括：连接、波形显示、断开连接、读取组
态、下装组态、报警复位选项。各选项含义如下：

1）连接：通过设定的通信端口，与 BP 系统机架相连接。

2）波形显示：弹出"波形和频谱"窗口，可实现振动信号数据
的传输、显示和频谱分析。

3）断开连接：断开与 BP 系统机架的连接。

4）读取组态："联机"状态下，读取当前选定槽位卡件的组态

参数到计算机内存。

5）下装组态："联机"状态下，将计算机内存中当前选定槽位的组态下装到卡件中。

注：为防止误操作，未开放下装整个机架组态的功能。

6）报警复位：CS 通过软件方式，复位已保持的报警信号。

（3）"组态"菜单包括：编辑组态、插入机架 BP、插入多功能卡 CM、插入转速卡 SM、插入继电器卡 RM、删除所选。各选项含义如下：

1）编辑组态：打开组态编辑界面，可设定当前选择对象的组态参数。

2）插入机架 BP：离线组态时，在系统树形图中插入 1 个机架，此命令可通过快捷按键 Ctrl+F2 来执行。

注：每个项目文件，最多只能容纳 3 个机架。

3）插入多功能卡 CM：离线组态时，在系统树形图中当前选定槽位插入 1 块多功能卡，此命令可通过快捷按键 Ctrl+F3 来执行。

注：如果当前槽位已有卡件，则必须"删除"该卡件才能插入新卡件。

4）插入转速 SM：离线组态时，在系统树形图中当前选定槽位插入 1 块转速卡，此命令可通过快捷按键 Ctrl+F4 来执行。

注：如果当前槽位已有卡件，则必须"删除"该卡件才能插入新卡件。

5）插入继电器卡 RM：离线组态时，在系统树形图中当前选定槽位插入 1 块继电器卡，此命令可通过快捷按键 Ctrl+F5 来执行。

注：如果当前槽位已有卡件，则必须"删除"该卡件才能插入新卡件。

6）删除所选：删除系统树形图中当前选定的卡件或机架，此命令可通过快捷按键 Ctrl+DEL 来执行。

（4）"选项"菜单包括：用户管理、登录、注销、软件设置。各选项含义如下：

1）用户管理：修改管理员密码，防止未授权用户误操作（见图14-2）。

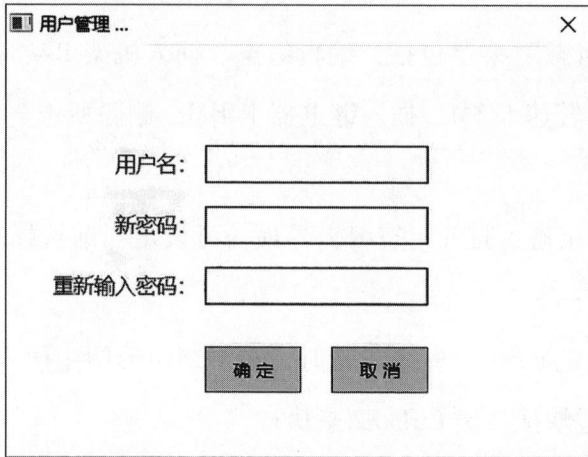

图 14-2　TMS-T316 用户管理页面

2）登录：修改密码或者注销登录以后，重新登录组态软件 CS。

3）注销：注销当前用户登录信息，组态软件 CS 将置为"观察员模式"。

4）软件设置：首先选择"连接"方式，串口 Serial Port 或者网络 TCP/IP，两者二选一（见图14-3）。接着根据连接方式的不同，分为串口设置、IP 地址与端口设置。

（5）"语言"菜单包括中文和英文两个选项。

（6）"帮助"菜单包括使用说明与版本信息。

（7）快捷工具栏：用于执行常用的菜单项命令，包括：新建、打开、保存、连接、断开、波形显示、报警复位、读取组态、编辑组态、下装组态、软件设置。每一个快捷工具的功能与菜单项完全相同。

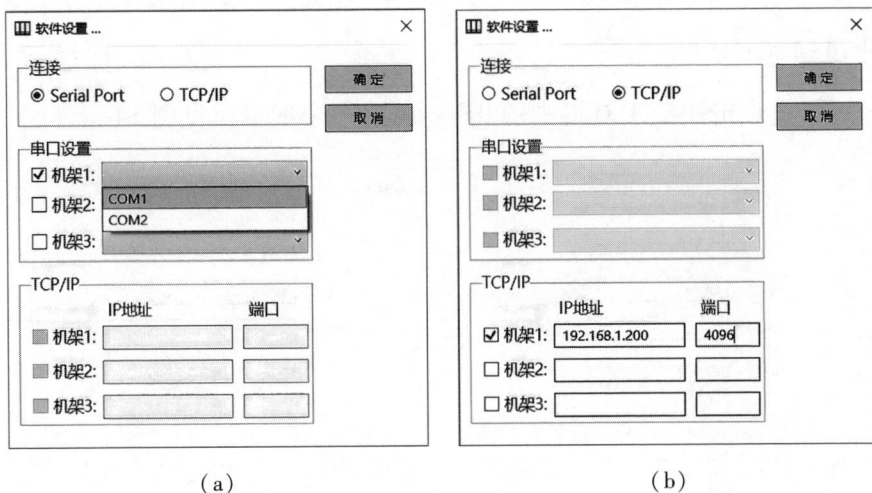

图 14-3　TMS-T316 软件设置页面
（a）Serial Port 连接；（b）TCP/IP 连接

14.3　系统组态

14.3.1　离线组态

组态软件 CS 提供一种不连接系统机架和卡件即可创建项目组态的方法，我们称之为离线组态。

应用离线组态功能，可以在项目前期即规划好机架、卡件的布置，以及参数设置。当 TMS 系统集成完毕，上电运行以后，可以迅速完成组态下装进程，进入现场调试和运行。

1. 离线插入设备

（1）要创建离线组态，首先打开 CS 组态软件，并完成登录，见图 14-4（a）。

（2）点击快捷工具栏中的 ，新建一个项目，见图 14-4（b）。

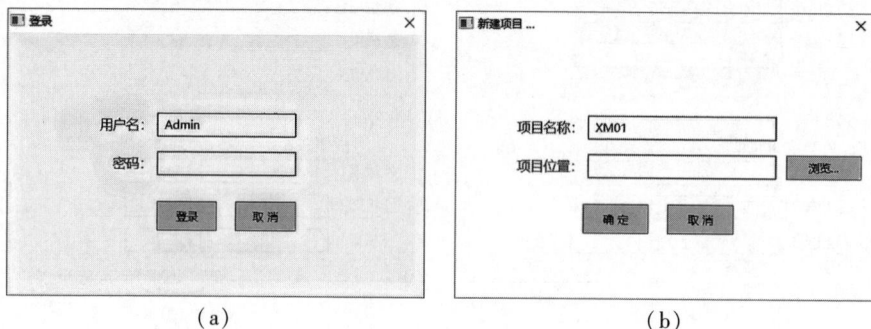

（a）　　　　　　　　　　　　　　　　（b）

图 14-4　系统登录页面和新建项目页面
（a）登录；（b）新建项目

（3）输入项目名称，点击"浏览"，选择项目文件存放的文件夹，也可以新建一个文件夹，见图 14-5（a）。

（4）创建新项目完成，CS 显示见图 14-5（b）。

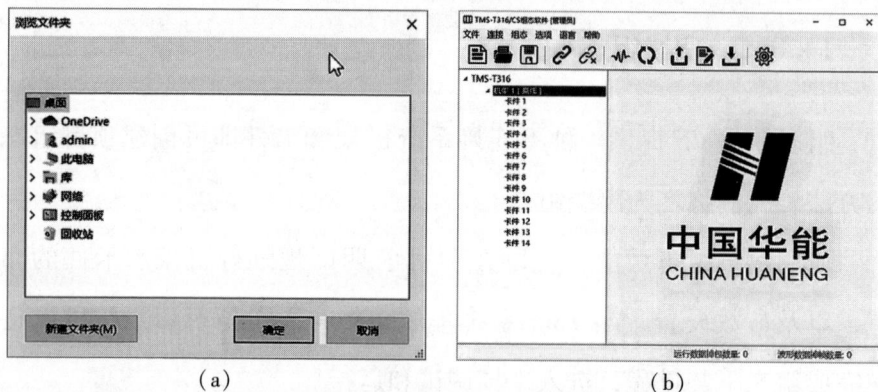

（a）　　　　　　　　　　　　　　　　（b）

图 14-5　创建文件夹页面和卡件显示页面
（a）创建文件夹；（b）卡件显示

（5）选定 1 个槽位，比如机架 1—卡件 2，点击"组态"菜单下的"插入转速卡 SM"（见图 14-6）。

图 14-6　插入卡件

（6）按照上述方法，在需要的位置继续插入卡件。

（7）如果有多层机架，点击"组态"菜单下的"插入机架 BP"，再按照上述方法，在需要的位置插入相应的卡件。

2. 为卡件组态

（1）选定需要组态的卡件，点击快捷工具栏中的 ▤，弹出"组态设置"窗口（见图 14-7）。

（2）"组态设置"窗口为"页面"形式（见图 14-8），点击相应的属性页进行组态参数设置。如果两个通道的参数相似，可以点击页面上的"CH1>>CH2"或者"CH2>>CH1"按钮将本页参数复制到另外一个通道。详细组态过程请参见相应卡件的运行手册。

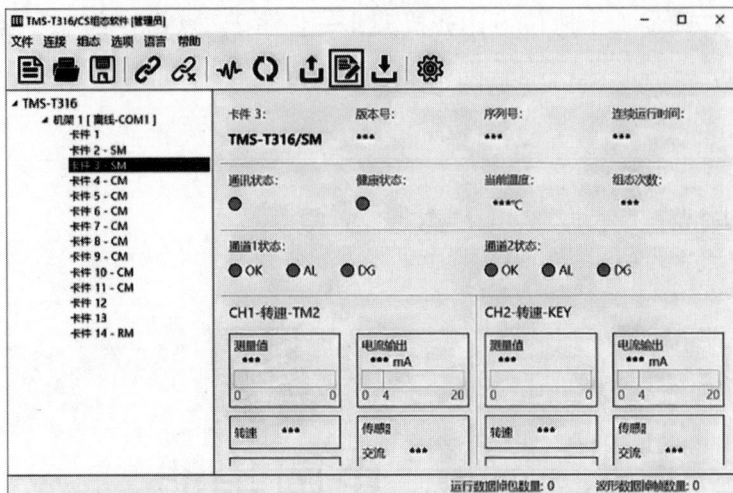

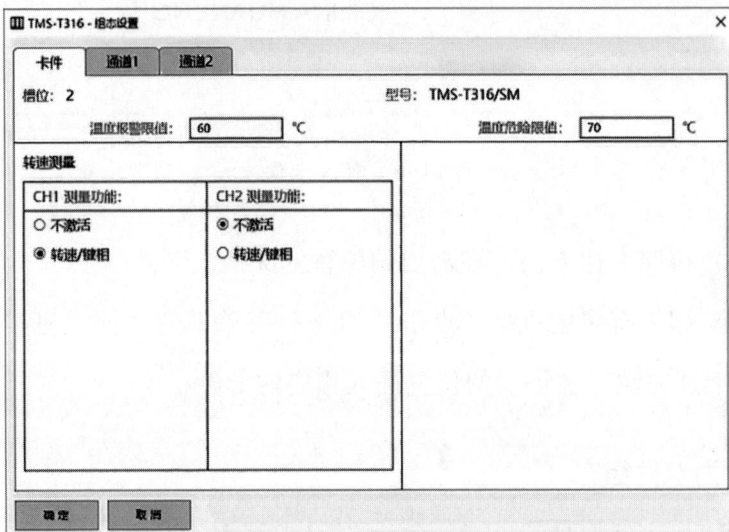

图 14-7　组态设置页面

（3）组态完成，点击"确定"按钮，关闭"组态设置"窗口。

3. 复制/粘贴卡件

（1）组态软件 CS 提供了基于对象的复制/粘贴功能，当在一个项目中有多个相同功能的卡件时，使用该功能更加快捷方便。

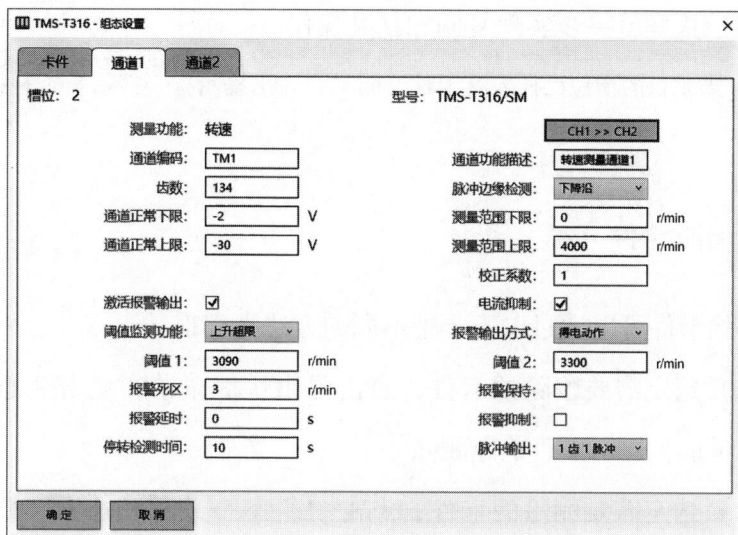

图 14-8　通道设置页面

（2）选定某一个卡件，右击弹出快捷菜单，点击"复制"，将卡件复制到剪贴板中。

（3）选定想要粘贴的槽位，同样右击弹出快捷菜单，点击"粘贴"，即可将源槽位的所有属性赋予目标槽位。

注：如果目的槽位已插入有卡件，则会弹出提示框，提示是否替换卡件组态。

4. 拖放

（1）为更方便地实现槽位间的复制，组态软件 CS 还支持鼠标拖放操作。

（2）选定某个卡件，鼠标左键按住不松手，鼠标指针变为　。

（3）保持鼠标左键不松手，将其拖放到目标槽位上，松开鼠标左键。

（4）这样就一步实现复制和粘贴操作。

注：如果目的槽位已插入有卡件，同样会弹出提示框，提示是否替换卡件组态。

5. 删除卡件

删除卡件可以通过以下 3 种不同的方法来实现：

（1）选定需要删除的卡件，右击弹出快捷菜单，点击"删除"。弹出提示框，提示是否确定删除。

（2）选定需要删除的卡件，点击"组态"菜单，选中"删除所选"菜单项。弹出提示框，提示是否确定删除。

（3）选定需要删除的卡件，按下快捷键"Ctrl+Del"。弹出提示框，提示是否确定删除。

14.3.2　联机

离线组态编辑完成以后，现场进入调试阶段，需执行联机操作。

选中"机架"，点击快捷工具栏中的 🔗 "连接"图标，CS 将启动总线扫描，机架内所有卡件将显示在树形结构图中。

注：软件将读取到的卡件型号信息与组态内容相比较，如果二者不相匹配，则以机架实际配置为准。

14.3.3　下装组态

联机成功，就可以执行下装组态操作了。

选中"卡件"，点击快捷工具栏中的 ⬇ "下装"图标，CS 将下装该卡件的组态。

组态下装过程为：发送组态→读取组态→比较组态参数，如果参数一致，则组态成功；如果参数不一致，弹窗提示失败。

注：组态下装过程中，卡件处于"零"模式，模拟量输出：0mA；开关量输出：不励磁；通信请求：不响应。

请确保组态下装期间，不会真正输出跳机信号，以免造成正在运行的机器意外跳闸。

14.3.4　在线组态

除了离线组态，组态软件 CS 也支持在线组态方式。步骤如下：

（1）新建一个项目。

（2）选中"机架 1"，点击快捷工具栏中的 $\mathscr{O}$ "连接"图标，CS 将启动总线扫描，机架内所有卡件将显示在树形结构图中。

（3）在线组态同样支持复制/粘贴、拖放、删除等操作。

注：在线组态先联机，再组态；离线组态先组态，再联机。除此之外，两种组态方式操作完全相同。

14.4　在线视图

通过在线视图，可查看各个卡件的状态和信息，前提条件是系统机架已与 CS 在线连接。

14.4.1　多功能卡 CM 在线视图

多功能卡 CM 在线视图见图 14-9，显示的信息见表 14-1。

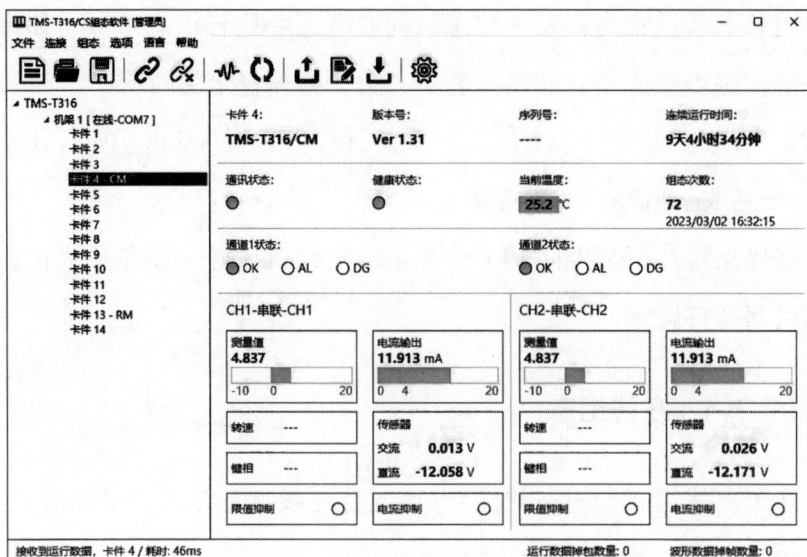

图 14-9 多功能卡 CM 在线视图

表 14-1　　　　　　　　多功能卡 CM 在线视图包含的信息

信 息	释 义
槽位号	当前选定卡件所在的槽位
卡件型号	当前选定卡件的型号：TMS-T316/CM
固件号	当前选定卡件的固件版本号
序列号	当前选定卡件的序列号
连续运行时间	当前卡件从上电开始计时的连续运行时间，按分钟计算
通信状态	当前卡件是否在线
健康状态	当前卡件健康状态，包括： □ 健康 □ 温度超限报警 □ 温度超限危险
当前温度	当前卡件的温度
组态次数	组态次数计数器，在其下方显示最近一次的组态日期和时间

续表

信息	释义
通道 1 状态	包括通道 OK、报警和危险状态以及过载（超量程）指示
通道 2 状态	包括通道 OK、报警和危险状态以及过载（超量程）指示
测量功能和通道编码	显示通道测量功能： □ 轴振 □ 瓦振 □ 偏心 □ 轴向位置 □ 单锥面/双锥面/串联 以及组态参数中的通道编码
测量值	当前通道的测量值
电流输出	当前通道的电流输出毫安（mA）值
当前转速	键相模式下，显示根据键相频率计算的当前转速值
键相频率	键相模式下，显示键相输入信号的频率
传感器交流电压值	ADC 采样获取的传感器输入信号交流电压值
传感器直流电压值	ADC 采样获取的传感器输入信号直流电压值
限值抑制状态	开关量输出被抑制时，指示灯亮
电流抑制状态	模拟量输出被抑制时，指示灯亮

14.4.2　波形和频谱

点击快捷菜单栏 ⎓⎓ 按钮，弹出"波形和频谱"窗口，选择合适的时基宽度，比如"100ms"，点击"开始"按钮，在绘图区即会显示当前卡件的时域波形，以及通过 FFT 变换得到的频谱图（见图 14-10）。

坐标轴上的显示区间可以手动输入调整，以便得到较好的显示效果。频谱显示区域设计有光标，可用鼠标拖动到相应的峰值上，绘图

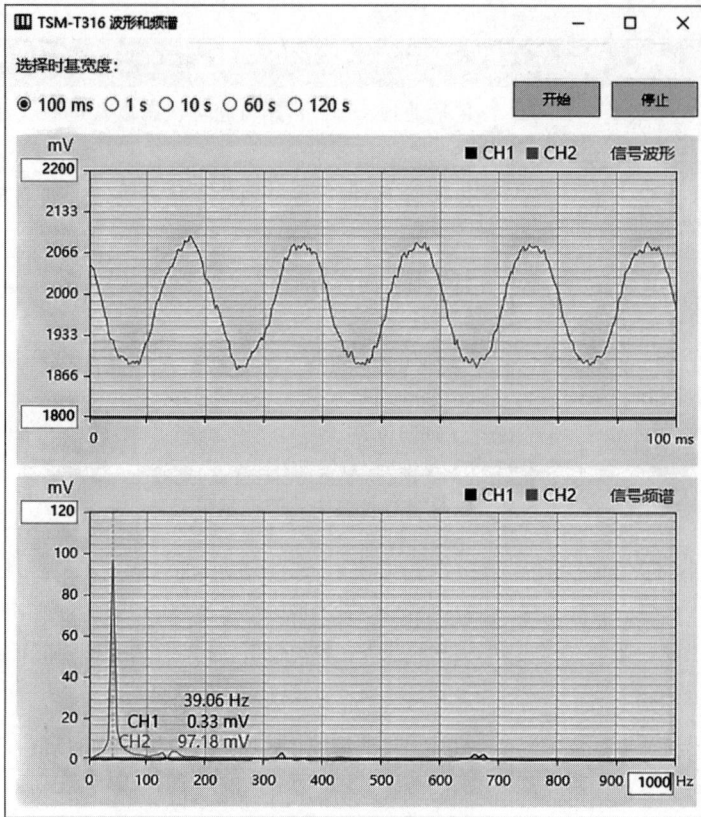

图 14-10　波形频谱图

区会显示对应的频率值和电压。

14.4.3　转速卡 SM 在线视图

转速卡 SM 的在线视图见图 14-11，显示的信息见表 14-2。

14.4.4　继电器卡 RM 在线视图

继电器卡 RM 在线视图见图 14-12，显示的信息见表 14-3。

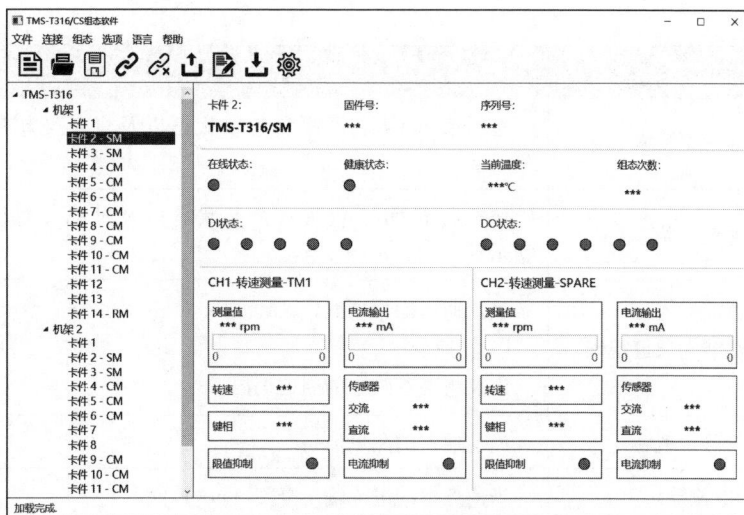

图 14-11　转速卡 SM 的在线视图

表 14-2　　　　　　　　　转速卡 SM 在线视图包含的信息

信 息	释 义
槽位号	当前选定卡件所在的槽位
卡件型号	当前选定卡件的型号：TMS-T316/SM
固件号	当前选定卡件的固件版本号
序列号	当前选定卡件的序列号
连续运行时间	当前卡件从上电开始计时的连续运行时间，按分钟计算
通信状态	当前卡件是否在线
健康状态	当前卡件健康状态，包括： □ 健康 □ 温度超限报警 □ 温度超限危险
当前温度	当前卡件的温度
组态次数	组态次数计数器，在其下方显示最近一次的组态日期和时间

续表

信 息	释 义
通道 1 状态	包括通道 OK、报警和危险状态以及过载（超量程）指示
通道 2 状态	包括通道 OK、报警和危险状态以及过载（超量程）指示
测量功能和通道编码	显示通道测量功能： □ 转速 以及组态参数中的通道编码
测量值	当前通道的测量值
电流输出	当前通道的电流输出毫安（mA）值
当前转速	N/A，对转速卡不适用
键相频率	N/A，对转速卡不适用
传感器交流电压值	ADC 采样获取的传感器输入信号峰-峰值
传感器直流电压值	ADC 采样获取的传感器输入信号直流电压值
限值抑制状态	开关量输出被抑制时，指示灯亮
电流抑制状态	模拟量输出被抑制时，指示灯亮

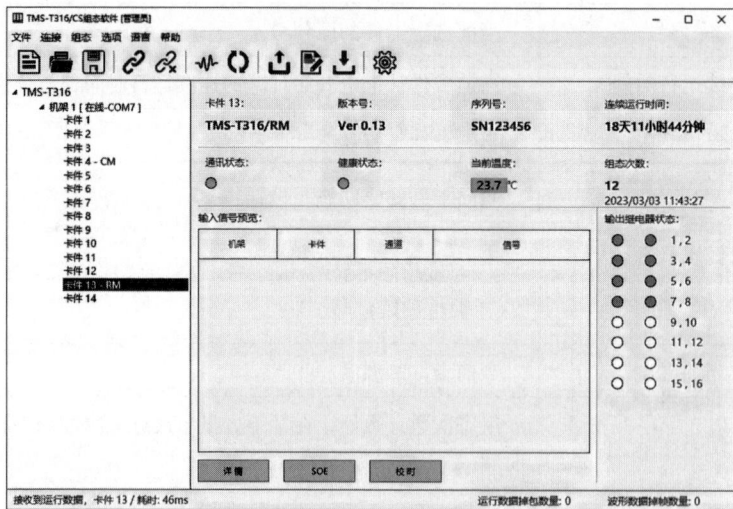

图 14-12　继电器卡 RM 在线视图

表 14-3   继电器卡 RM 在线视图包含的信息

信息	释义
槽位号	当前选定卡件所在的槽位
卡件型号	当前选定卡件的型号：TMS-T316/RM
固件号	当前选定卡件的固件版本号
序列号	当前选定卡件的序列号
连续运行时间	当前卡件从上电开始计时的连续运行时间，按分钟计算
通信状态	当前卡件是否在线
健康状态	当前卡件健康状态，包括： □ 健康 □ 温度超限报警 □ 温度超限危险
当前温度	当前卡件的温度
组态次数	组态次数计数器，在其下方显示最近一次的组态日期和时间
输入信号预览	显示当前所有输入状态为"真"的信号
输出继电器状态	显示输出继电器的状态：带电则指示灯"亮"，失电则指示灯"灭"

14.5 TIM-T316 各功能模块组态界面

TIM-T316 各功能模块组态界面见图 14-13~图 14-22。

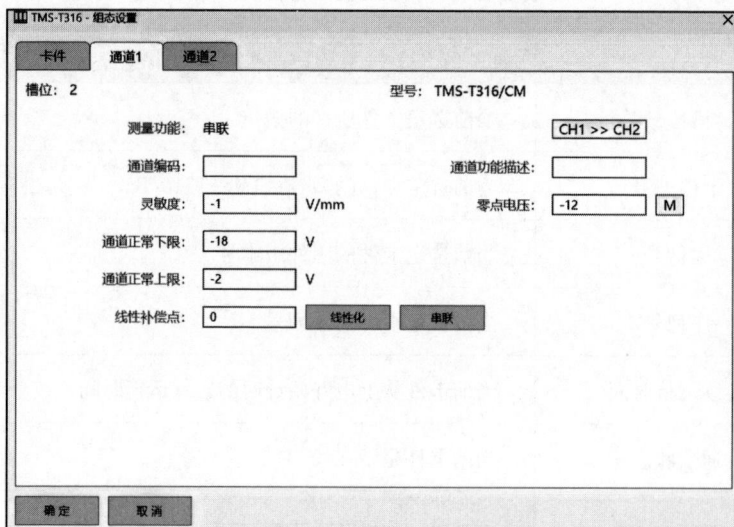

图 14-13　串联组态（1）

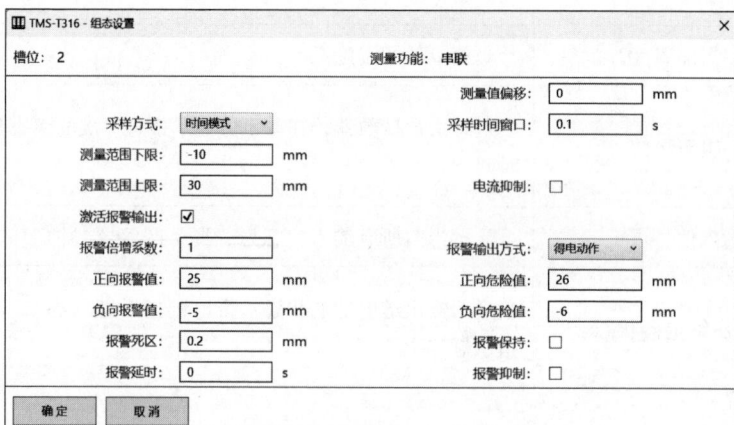

图 14-14　串联组态（2）

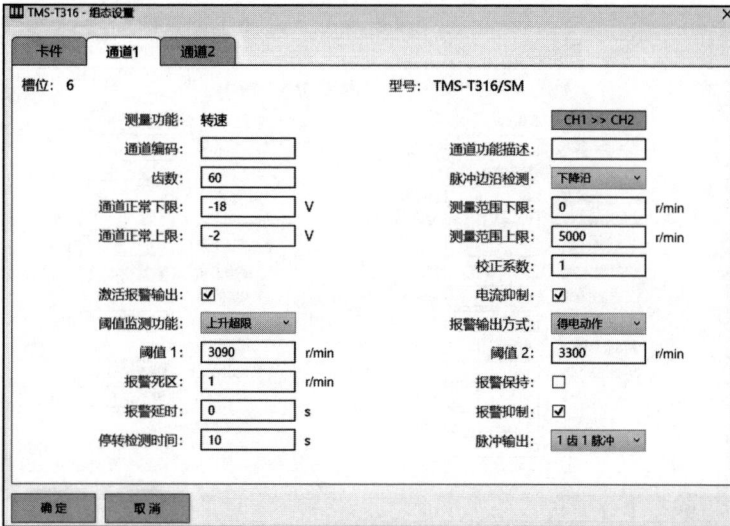

图 14-15　转速+键相+零转速+反转

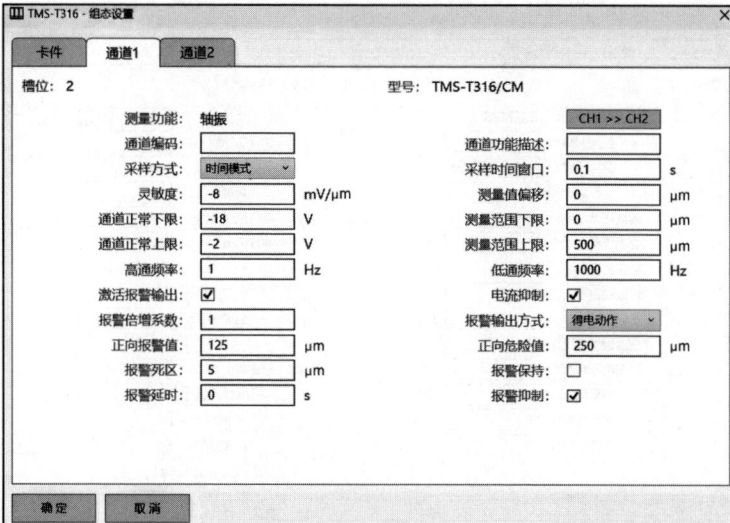

图 14-16　轴振组态

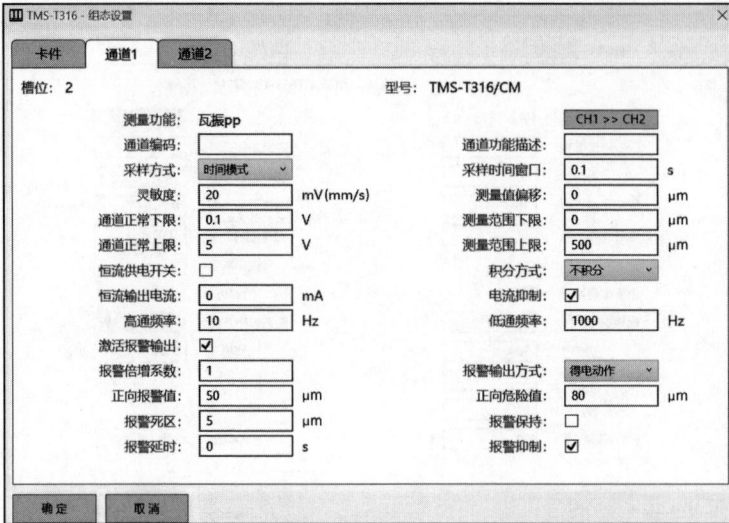

图 14-17　瓦振（PP）组态

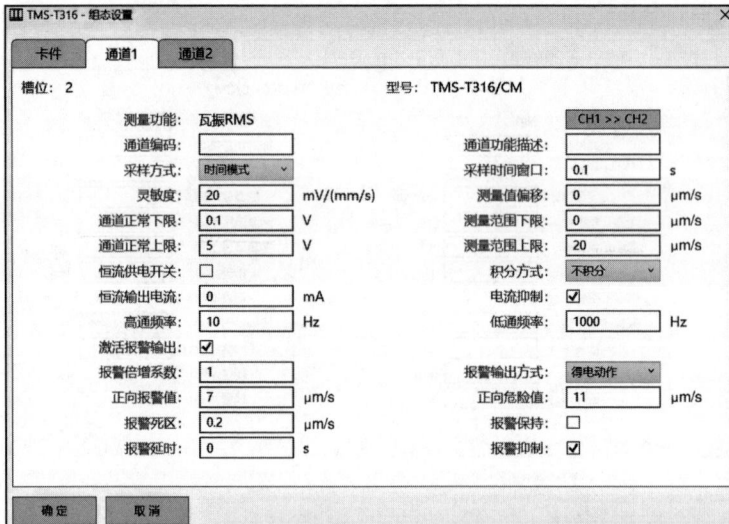

图 14-18　瓦振（RMS）组态

图 14-19 轴位移+缸胀+胀差

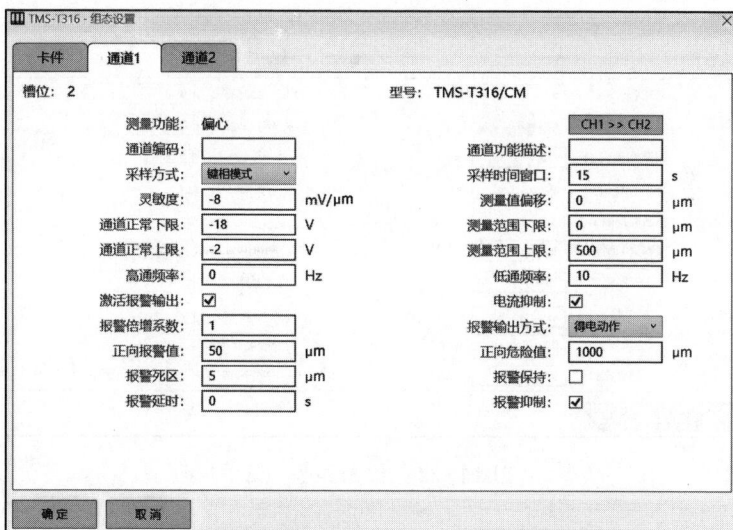

图 14-20 偏心组态

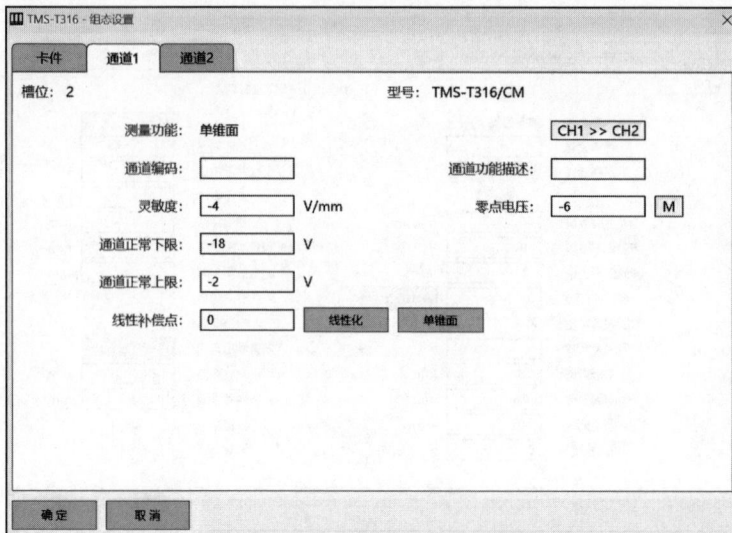

图 14-21　锥面组态（1）

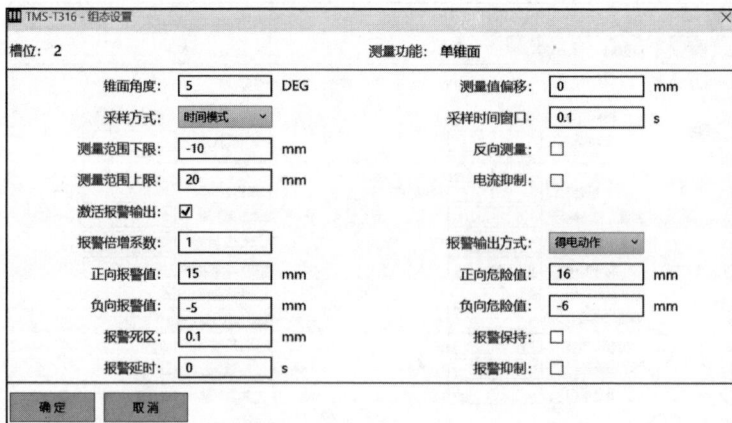

图 14-22　锥面组态（2）